[修订版]
Revised Edition

设计心理学 —— 3

情感化设计

Emotional Design

[美] 唐纳德·A·诺曼 著　何笑梅 欧秋杏 译

Donald Arthur Norman

中信出版集团 · CHINACITICPRESS · 北京

图书在版编目（CIP）数据

设计心理学3：情感化设计／（美）诺曼著；何笑梅，欧秋杏译．—2版．—北京：中信出版社，2015.6（2024.4重印）

ISBN 978-7-5086-5011-1

Ⅰ．①设… Ⅱ．①诺… ②何… ③欧… Ⅲ．①工业设计—应用心理学 Ⅳ．①TB47-05

中国版本图书馆 CIP 数据核字（2015）第 006435 号

设计心理学 3：情感化设计

著　　者：［美］唐纳德·A·诺曼

译　　者：何笑梅　欧秋杏

策划推广：中信出版社（China CITIC Press）

出版发行：中信出版集团股份有限公司

　　　　　（北京市朝阳区东三环北路27号嘉铭中心　邮编　100020）

　　　　　（CITIC Publishing Group）

承　印　者：北京通州皇家印刷厂

开　　本：787mm×1092mm　1/16　　　印　张：15.75　　　字　数：180 千字

版　　次：2015年10月第2版　　　　　印　次：2024年4月第47次印刷

书　　号：ISBN 978-7-5086-5011-1/G·1072

定　　价：42.00 元

目录

序言   VII

第一部分 物品的意义   001

第一章 有吸引力的东西更好用   003

三种运作层次：本能、行为和反思   008

关注与创造力   011

有准备的头脑   015

第二章 情感的多面性与设计   021

三种层次的运用   026

唤醒回忆的东西   032

自我感觉   038

产品的个性   041

第二部分 实用的设计   047

第三章 设计的三个层次：本能、行为、反思   049

本能层次设计   054

行为层次设计   058

反思层次设计   070

案例研究：全美足球联赛专用耳机   076

另辟蹊径的设计   078

团体成员设计 vs 个人设计   082

第四章　乐趣与游戏　　　　　　　　　　　　087

　　　以乐趣和愉悦为目的的物品设计　　　　091

　　　音乐和其他声音　　　　　　　　　　105

　　　电影的诱惑力　　　　　　　　　　　113

　　　视频游戏　　　　　　　　　　　　　119

第五章　人物、地点、事件　　　　　　　　127

　　　责备没有生命的物品　　　　　　　　133

　　　信任和设计　　　　　　　　　　　　135

　　　生活在一个不可靠的世界　　　　　　137

　　　情感交流　　　　　　　　　　　　　142

　　　联系无间，骚扰不断　　　　　　　　146

　　　设计的角色　　　　　　　　　　　　150

第六章　情感化机器　　　　　　　　　　　155

　　　情感化物品　　　　　　　　　　　　161

　　　情感化机器人　　　　　　　　　　　164

　　　机器人的情绪和情感　　　　　　　　172

　　　感知情感的机器　　　　　　　　　　178

　　　诱发人类情感的机器　　　　　　　　182

第七章　机器人的未来　　　　　　　　　　191

　　　阿西莫夫的机器人四大定律　　　　　194

　　　情感化机器和机器人的未来：含义和伦理议题　　200

后记　我们都是设计师　　　　　　　　　　209

　　　个性化　　　　　　　　　　　　　　217

　　　客户定制　　　　　　　　　　　　　220

　　　我们都是设计师　　　　　　　　　　222

个人感想及致谢　　　　　　　　　　　　　227

图0.1

图0.2

图0.3

（a） （b） （c）

一个不可能使用的茶壶
[作者藏品，摄影：艾曼·纱曼（Ayman Shaman）]

迈克尔·格雷夫斯（Michael Graves）的"南纳"（Nanna）茶壶
它是如此的迷人，我根本无法抗拒。（作者藏品，摄影：艾曼·纱曼）

由罗纳菲德（Ronnefeldt）公司出品的"倾斜"茶壶
把茶叶放在壶内的搁板上（在茶壶内部与绕着壶身一周的凸棱平行的上方，从外面看不到），注入热水，然后将茶壶往后平躺放置（图a）。当茶色变浓时，将茶壶提起至与桌面成一定的倾斜角度（如图b所示）。最后，当茶完全沏好时（如图c所示），将茶壶直立放置，这样茶叶就不会再和茶水接触了，而茶水也不会变苦了。（作者藏品，摄影：艾曼·纱曼）

三个茶壶

　　如果你想要一条所有人都适用的黄金法则[1]，以下这一条便是：不要把任何你不知道有什么用途的东西或者你自以为很漂亮的东西摆放在你的房子里。

　　——威廉·莫里斯（William Morris），《生活的美丽》（*The Beauty of Life*），1880

　　我收藏了一批茶壶，其中一个是完全不能使用的——因为它的壶柄和壶嘴在同一侧。这个茶壶是法国艺术家雅克·卡洛曼（Jacques Carelman）的作品，他把它称为咖啡壶——一个"专为受虐狂设计的咖啡壶"。我的这个茶壶是一件复制品，它的照片曾经出现在我所著的《设计心理学》一书的封面上。

　　我的藏品中，第二件作品是一个名为"南纳"的茶壶，它那独特的圆墩外形具有惊人的魅力。第三件作品则是一个结构复杂但非常实用的"倾斜"茶壶，它是德国罗纳菲德公司的作品。

　　卡洛曼壶被故意设计成不能使用的样子。而由著名建筑师及产品设计师迈克尔·格雷夫斯设计的"南纳"茶壶，虽然看起来有点笨拙，但实际上相当好用。"倾斜"茶壶是我在芝加哥四季酒店（Four Seasons Hotel）喝下午茶时发现的，设计师是根据沏茶的几个不同阶段来设计它的。用它沏茶时，我会先把茶叶放在壶内的搁板上（在茶壶内部，从外面看不到），然后将茶壶往后平躺放置，让茶叶浸入水中。在茶将要沏好时，我会把茶壶提起至与桌面成一定的倾斜角度，让部分茶叶露出水面。当茶完全沏好时，我会把茶壶直立放置，这样茶叶就不会再和茶水接触了。

这些茶壶中的哪一个是我经常使用的呢？全都不是。

我每天早上都喝茶。在早晨，效率是第一位的。因此，醒来后，我会径直走进厨房按下日式热水壶的按键，用勺子取出茶叶并放进一个小的金属泡茶球里。然后，我会把这个球放进茶杯，倒入开水，泡上几分钟就可以喝了。即便捷又高效，还容易清洗。

为什么我会对所收藏的茶壶如此着迷呢？为什么我要把它们陈列在厨房的窗台上呢？即使不用它们的时候，它们也在那里，一览无余。

我珍视我的茶壶，不仅仅因为它们可以用来沏茶，还因为它们本身都是雕塑艺术品。我喜欢站在窗前对比它们各不相同的形状，欣赏光线在它们变化多端的曲面上不停地跳跃。当我招待客人或闲暇时，我会因为"南纳"茶壶的魅力或者"倾斜"茶壶的精巧而用它们沏茶。对我来说，设计是重要的，但是我选取哪种设计则由场合、情境，尤其是我的心情决定。这些茶壶不只是实用品，作为艺术品，它们照亮了我的每一天。不过，也许更重要的是，每个茶壶都传递了一些个人信息：每个茶壶都有自己的故事。一个代表了我的过去——我对缺少实用性的物品的抗议；另一个代表了我的未来——我对美的不懈追求；最后一个则代表了实用性和魅力的完美结合。

这则茶壶的故事说明了产品设计的三个组成要素：可用性（或者缺乏可用性）、美学和实用性。

设计一个产品的时候，设计师需要考虑很多因素：材料的选用、生产的工艺、产品的市场定位、成本和实用性，以及理解和使用该产品的难易程度等。但是很多人都没有意识到，在产品设计和投入使用方面还存在一个重要的情感要素。在本书中，我提出了这样一个观点：一件产品的成功与否，设计的情感要素也许比实用要素更为关键。

图0.4

图0.5

三个茶壶
摆放在厨房水槽上方窗台处的艺术品。(作者藏品,摄影:艾曼·纱曼)

迷你库珀 S (Mini Cooper S.)
"平心而论,近年来几乎没有任何一款新车比迷你库珀更能引起人们的微笑[2]"。(图片由宝马公司提供)

这些茶壶还表明了设计的三个不同层次：本能层次、行为层次和反思层次。本能层次的设计指的是产品外观。在这方面"南纳"茶壶表现得最为出类拔萃——我多么喜欢它的外观啊，特别是当它盛着琥珀色的茶水，壶底下方摇曳着温暖的烛光时。行为层次的设计与产品使用过程中的愉悦感和效率有关。在这方面"倾斜"茶壶和我的金属小泡茶球都是赢家。最后，反思层次设计指的是产品的合理性和智能性。我能讲出一个与它相关的故事吗？它能代表我的形象和尊荣吗？我很爱一边向别人演示"倾斜"茶壶的用法，一边解释壶身的位置代表着哪个沏茶阶段。很显然，"专为受虐狂设计的茶壶"完全属于反思层次设计。它并不是特别漂亮，而且还不实用，但是它讲述了一个很妙的故事！

超乎物品设计之上的，还有一项个人要素，而这是任何设计师或制造者都无法提供的。生活中的物品对我们来说并不仅仅是物质上的拥有。我们为它们感到自豪，不一定是因为我们在炫耀自己的财富或地位，而是因为它们给我们的生活赋予了意义。一个人最心爱的物品也许只是一件并不昂贵的小装饰品、一件磨损的家具，或者是残破、肮脏或泛黄的照片和图书。一件心头所爱的物品是一个象征，它可以建立积极的心态，可以唤起一段快乐的记忆，或者有时可以代表一个人的自我。通常情况下，这件物品背后都有一个故事、一段记忆，以及把我们与这件特殊的物品联系在一起的某些特质。

在任何设计中，本能、行为和反思这三个不同的层面都是相互交织的。没有一种设计能完全独立于这三个层面之外。不过，更重要的是，要知道这三个成分是如何与情绪和认知相互作用的。

人们普遍倾向于把认知放在情绪的对立面。情绪被认为是热情的、动物性的和非理性的，而认知则是冷静的、人性的和理性的。这种对比源自长久以来知识传统都是理性和逻辑推理产生的结果。在一个注重文明教养的社会，情绪与之格格不入。它是我们动物起源的遗留物，但作为人类的我们必须学会驾驭它。至少，这样被认为是明智的。

真是无稽之谈！情绪乃是认知的不可分割的必要组成部分。我们所做所想的每一件事情都受到情绪影响，尽管在很多情况下是潜意识的。与此同时，我们的情绪会改变我们思考的方式，也会一直指引着我们做出恰当的言谈举止，引导我们趋利避害。

某些物品能激发强烈的正面情感，譬如爱、依恋和快乐。在评论宝马公司的迷你库珀汽车（图 0.5）时，《纽约时报》（*New York Times*）这样写道："无论你怎样看待迷你库珀的动力性能，很好也好，仅仅及格也罢，平心而论，近年来几乎没有任何一款新车比迷你库珀更能引起人们的微笑。"这款汽车无论看起来还是驾驶起来，都是那么有趣，评论家们甚至建议你忽略它的缺点。

几年前，我曾经和设计师迈克尔·格雷夫斯一起参加一个电台节目。我刚刚批评过他的一件作品"雄鸡"（Rooster）——这款茶壶只是徒有其表而一点都不好用，倒茶的时候很容易被烫到，马上就有一位拥有这款茶壶的听众打来电话反驳。"我很喜欢这款茶壶，"他说道，"当我早晨醒来踉踉跄跄地走进厨房沏茶时，它总能让我微笑。"他的言下之意似乎是："尽管它有点难用，但又有什么关系呢？小心一点就好了。它好看得能让我微笑，这是清晨的第一件事情，没有什么比这更重要。"

伴随当今世界的发达科技而产生的一个现象，是我们常常痛恨那些我们用到的东西。想象一下许多人在使用电脑时表现出来的怒气和挫败感吧。伦敦的一份报纸在一篇讨论"电脑躁狂症"（computer rage）的文章中这样写道："一开始只是有一点点厌烦[3]，接着是浑身不舒服，并且手心开始冒汗。很快你就会捶打你的电脑或朝着你的屏幕大叫，最后，你可能把坐在旁边的人痛打一顿才罢休。"

当我在 20 世纪 80 年代写《设计心理学》（*The Design of Everyday Things*）这本书的时候，我并没有把情绪列入考虑范围。我强调的是实用性和可用性、功能和造型，一切都是以一种有逻辑性的、不带感情的方式进行——尽管我也为设计拙劣的物品感到生气。不过，现在我变了。原因是什么？在某种程度上，是因为我们对大脑以及对认知与情绪如何相互作用有了新的科学见解。作为科学家的我们现在已经了解到情绪对日常生活是多么重要和多么有价值。当然，实用性和可用性也非常重要，但是如果没有乐趣和愉悦、欢欣和兴奋，如果没有焦虑和生气、恐惧和愤怒，我们的生活将是不完整的。

除了情绪之外，还有以下几个要素也没有被提到：美学、吸引力和美。在我写《设计心理学 I》的时候，我的意图并不是要贬低美学或情绪，我只是想把可用性的地位提升到它在设计界应有的位置，即与美和功能齐平的位置。我当时觉得美学这一主题在其他领域已经得到了广泛讨论，所以我忽略了它。结果，我的作品遭到设计师们批评："如果我们遵循诺曼的主张，那么我们的设计都将是可用的，但同时都会很难看。"

实用却难看。这是多么严厉的批评！唉，不过确实批评得没错。实用性强的产品未必能让人乐意使用。正如我在三个茶壶的故事中揭示的道理一样，吸引人的设计未必是最好用的设计。但是，这些要素一定是互相冲突的吗？美观与内涵、愉悦感与可用性能否并存？

所有这些疑问驱使我付诸行动。我对自己在科学自我和个人自我两者之间的认知差异产生了兴趣。在科学层面，我忽视了美学和情绪而专注在认知上。的确，在今天被称为认知心理学和认知科学的领域，我是最早期的研究者之一。可用的设计植根于认知科学，它由认知心理学、电脑科学、工程学和分析学组成；而在分析学领域里，学者们正是以科学的严谨性和逻辑思维而感到自豪。

然而，在我的个人生活层面，我参观美术馆，聆听和演奏音乐，并且为我居住的那幢由建筑师设计的房子而骄傲。只要这两个层面是彼此独立的，它们之间就不存在冲突。不过，在我早期的职业生涯里，我经历了一场出乎意料的挑战：彩色电脑显示器的应用。

在个人电脑的早期发展阶段，彩色显示器还闻所未闻，大多数的显示屏幕都是黑白的。当然，苹果电脑（Apple Computer）推出的第一款普及的微电脑——苹果 II——可以显示彩色，但仅限于游戏。在这款电脑上所做的任何严肃工作，都是以黑白两种颜色显示的，通常是黑底白字。在 20 世纪 80 年代早期，当彩色显示器首次被引进个人电脑领域时，我对它们的吸引力感到很费解。当时，彩色主要用于强调某些文字，或者为屏幕添加一些不必要的装饰。从认知的角度来看，彩色显示器并不比黑白显示器更有价值。但是，业界却坚持以更高的价格购买彩色显示器，尽管没有多少科学理由支持。很显然，色彩正在满足我们的某种需要，但是当时这种需求还不为我们所意识到。

我还曾借了一台彩色显示器来看看究竟为什么人们对它趋之若鹜。很快，我就确信自己一开始的判断是正确的：色彩并没有为日常工作增加任何可见的价值。不过，我却没有舍弃彩色显示器，虽然我的理智告诉我色彩并不重要，但是我的情感反应却另有所指。

在电影、电视和报纸领域，也同样可见这一现象。一开始，所有的电影都是黑白的，电视亦然。制片厂和电视制作商都反对引入色彩，理由是这样会增加巨额的成本，而带来的收益却微乎其微。毕竟电影和电视是在讲述故事，是否是彩色的又有什么差别？但是，你愿意回到黑白电视或电影的年代吗？今天，用黑白两种颜色拍摄电影或电视仅仅是出于艺术和美学的需要：色彩的缺乏反而更能表达强烈的情感。

然而，相同的经验却没能完全移植到报纸和图书领域。虽然所有人都同意彩色刊物往往更受欢迎，但是它带来的收益是否足以收回它产生的额外成本，则仍然处于激烈的讨论中。尽管色彩已悄然出现在报纸页面，但上面的大多数照片和广告仍是黑白印刷的。图书也是如此：本书中引用的照片就全是黑白的，尽管原始照片是彩色的。在很多图书中，唯一出现色彩的地方是封面——大概是为了诱使你去购买，而一旦你把它买走之后，封面上的那些色彩就再也派不上用场了。

问题在于，即使我们的情感指向其他选择，我们还是凭逻辑来做决定。企业基本都是由逻辑性强的理性决策者、由经营模式和会计师统管，而没有情感的立足之地。这是多么遗憾！

作为认知科学家的我们，现在意识到情绪是生活的必要组成部分，它会影响你的感觉、你的行为和你的想法。的确，情感能让你更聪慧，这是我从当前的研究中得出的结论。如果没有情感，你的决策能力将被削弱。情感总是通过判断来向你传递外界的即时信息：这里有潜在的危险，那里有潜在的舒适；这是好的，那是坏的。情感的一种运作方式是通过影响神经系统的化学物质进入大脑的某个中央区域，从而修正我们的知觉、决策和行为。这些影响神经系统的化学物质改变了思维的参数。

令人诧异的是，我们现在能证明，具有美感的物品能使你工作起来更有效率。正如我将要论证的一样，让你感觉良好的产品及系统更容易使用，同时也会产生更加和谐的成果。当你的车被清洗完并打过蜡之后，你不觉得它驾驶起来更顺畅吗？当你洗完澡穿上干净别致的衣服后，你不是感觉更舒适吗？当你使用一件制作精良、平衡感良好、美观可爱的园艺或木工工具、网球拍或雪橇时，你不是会有更好的表现吗？

在我继续这个话题之前，请让我做一个说明：我讨论的不只是情绪，还有情感。

本书的一个主题是：人类的行为大多是潜意识的，不为意识所察觉。在人类进化史和大脑处理信息的过程中，意识都出现得比较晚。很多判断在被大脑意识到之前，就已经形成了。情感系统和认知系统都是信息处理系统，但功能各异。情感系统负责做出判断并快速地帮助你辨别周围环境中的利弊与好坏，认知系统则负责诠释和理解这个世界。情感是判断系统的一个基本术语，无论是有意识还是潜意识。情绪是情感有意识的体验，通常具有特定的原因和对象。你也许有过莫名其妙心神不宁的经历，这就是情感。你对二手汽车销售员哈利高价销售一辆性能欠佳的车给你而火冒三丈，则属于情绪。你对某件事情——哈利的所作所为——发火是事出有因的。请注意，认知和情感相互影响：有些情绪及情感状态是由认知驱动的，反过来，情感也常常影响着认知。

　　我们来看一个简单的例子。想象一下，假如把一块 10 米长 1 米宽的狭长木板放在地板上，你能在上面行走吗？当然了。你还能在上面蹦一蹦或跳个舞，甚至是闭着眼睛从上面走过。现在，如果把这块木板架在离地面 3 米高的地方，你还敢在上面走吗？当然也敢，尽管你会小心翼翼。

　　如果把这块木板悬在 100 米高的空中呢？大多数人恐怕都不敢，尽管在它上面行走和保持平衡并不比在把它放在地面时困难。

　　为什么一个简单的任务瞬间变得这么艰难呢？你大脑中的反思层次能理性地认识到，把木板架在某个高度上和把它放在地板上行走的难度是一样的，但是，自发的本能层次却控制了你的行为。对于绝大部分人来说，本能层次是胜方——恐惧感占据了支配地位。为了证实你的恐惧感是有缘由的，你还可能告诉自己那块木板可能会破裂，或者，因为有风，你可能会被刮下来。

　　不过，所有这些有意识的合理化解释都出现在事后，也在情感系统释放出化学物质之后。情感系统与有意识的思维是独立运作的。

　　最后，情感和情绪都在日常决策中起着至关重要的作用。神经科学家安东尼奥·达马西奥（Antonio Damasio）曾经对脑损伤的病人进行过研究[4]，这些病人除了情感系统受损之外，其他一切正常。研究结果显示，虽然他们表面看上去很正常，但是他们无法做出决定或者正常地生活。尽管他们能准确地描述出本来应该如何反应，但是却无法决定要住在哪里，要吃些什么，要购买和使用哪些产品。这一发现与认为决策是大脑理性的、逻辑的思维核心的惯常看法相悖。但是现代的研究表明，情感系统可以帮助我们快速地从好和坏之间做出选择，减少需要考虑的要素，从而为我们的决策提供重要帮助。

正如达马西奥研究的病人一样，情绪缺失的人们往往无法在两个事物中做出选择，特别是当两个事物看起来价值相当时。你想把预约定在星期一还是星期二？你想吃米饭还是烤土豆？这些是很简单的选择吧？是的，也许太过简单了，以至于根本不需要用理智来决定。这时正该情感发挥作用了。大多数人当做完一个决定后被问到为什么时，常常都答不上原因，"我只是想这样做而已。"你可能会这么回答。一个决定必须让你"感觉良好"，否则它就会被你否决掉，这种感觉便是情绪的一种表现方式。

情绪系统还与行为紧密相连，它能让我们的身体做好准备，以对特定的场景做出适当反应。这就是你在焦虑时感到紧张不安的原因。你的五脏六腑那种"恶心欲吐"或者"打结"的感觉并不是虚构出来的——它们是情绪控制你的肌肉系统，甚至还有消化系统的一种真实表现。因此，喷香的味道和气味能让你垂涎欲滴，恨不得大快朵颐；令人讨厌的味道和气味却使你的肌肉收紧，从而为后面的反应做好准备；而腐烂的味道则会让你撅起嘴吐出食物，还使你的胃部和肌肉收缩。所有这些反应都是情绪体验的一部分。我们确实会感到舒服或不适、放松或紧张。情绪是判断性的，能让你身体做好相应的准备。你那有意识的、认知的自我会观察到这些变化。下次当你对某件事感到愉快或不适时，虽然不知道出于什么原因，但听随你身体的反应和遵循情感系统的指引就没错了。

正如情绪对人类行为至关重要一样，它们对智能化机器，特别是对将来能给人们的日常活动带来帮助的智能机器也同样重要。智能的机器人必须是拥有情绪的（我将在本书第六章进行更具体的阐述），它们的情绪未必和人类情绪完全一样，但不管怎么说，也能被称为情绪，是为满足机器人的需求而为它们度身定做的。此外，未来的机器和产品也许还能感知到人类的情绪，并能做出相应的反应：当你心烦时，它们会安慰你、逗你笑，并陪你玩。

正如前面所说，认知负责诠释和理解你周围的世界，而情绪则让你对此快速地做出判断。通常，在你从认知上对某个情境进行评估之前，你在情绪上已经做出了反应，因为生存比理解更加重要，但有些时候却是认知先行。人类大脑的功能之一，便是能梦想未来、想象未来和规划未来。在思维展开创造性想象的翅膀时，思维和认知释放了情绪，同时亦反过来改变了它们自己。为了解释这是怎么回事，现在让我开始探讨情感和情绪的科学。

注解：

1. "如果你想要一条所有人都适用的黄金法则"：莫里斯，1882。引文出自第三章，《生活的美丽》，最初出自 1880 年 2 月 19 日，在"伯明翰社会艺术"和"学校设计"这两章的前面。

2. "近年来几乎没有任何一款新车更能引起人们的微笑"：斯万，2002。

3. "一开始只是有一点点厌烦"：胡菲斯·摩根，2002。

4. "神经科学家安东尼奥·达马西奥曾经对脑损伤的病人进行过研究"：达马西奥，1994。

5. 本章节的一部分内容已经刊登于《互动》上，这是计算机协会的出版物（诺曼，2002b）。

物品的意义

有吸引力的东西更好用

一位以色列的科学家诺姆·崔克廷斯基（Noam Tractinsky），对一件事感到迷惑不解。有吸引力的物品肯定比难看的东西更招人喜欢，但为什么它们也更加好用呢？早在 20 世纪 90 年代初，两位日本研究者黑须正明（Masaaki Kurosu）和鹿志村香（Kaori Kashimura）[1] 就提出过这个问题。他们研究了形形色色的自动提款机控制面板的外观布局设计，这种提款机能提供 24 小时的便捷银行服务。所有的自动提款机都有类似的功能、相同数量的按键，以及同样的操作程序，但是其中一些的键盘和屏幕设计很吸引人，另外一些则不然。让人惊奇的是，这两位日本研究者发现那些拥有迷人外表的自动提款机使用起来更加顺手。

诺姆·崔克廷斯基对此表示怀疑。或许日本人的试验有瑕疵，或者试验结果仅对日本人适用，不一定在以色列有效。"显然，审美品位和文化有关。而且，日本文化以其传统美学闻名世界[2]。"诺姆·崔克廷斯基说。但以色列人呢？以色列人是行动导向的——他们不在乎美不美。于是诺姆·崔克廷斯基计划重做这个试验[3]。他拿到了黑须正明和鹿志村香用来试验的自动提款机的外观布局，将日文翻译为希伯来语，并且重新设计了严格的试验方法。新的试验不仅仅再现了日本人的发现，而且——和他认为可用性与美感"没有预期的关联"恰恰相反——以色列的试验结果比日本的更加明显。崔克廷斯基对此感到非常意外，在一篇科技论文中他特意将"超乎预期"这几个字标示为斜体，这也是论文中少见的做法，但他觉得只有这样才能恰当地描述这一令人惊讶的结论。

在 20 世纪 90 年代初，赫伯特·里德（Herbert Read）写了一系列关于艺术与美学的书，他指出，"需要某种神秘的美学理论[4] 来阐释美与功能之间的任何必然联系"，这一理念现在仍然很普遍。美是如何影响物品使用的难易度的呢？我刚开始一个验证情感、行为和认知的交互作用的研究项目，但诺姆·崔克廷斯基的试验结果困扰了我很久，我无法解释。它们引起了我的兴趣，而且和我的个人经验一致，就像我在序言里描述的那样。

当我仔细思考试验结果时，意识到它们符合我与我的研究伙伴们正在建立的一种新架构，也符合情感与情绪研究的新发现。如我们所知，情感改变着人脑解决问题的方式——情感改变着认知系统的工作模式。因而，如果审美能够改变我们的情感状态，那就能解开这个谜团。让我来解释一下吧。

直到最近，情感一直是人类心理学中没有被充分研究的一部分。有些人认为它是人类进化中所遗留的动物天性。许多人认为情感是个麻烦，应当靠理智和逻辑思考来克服；并且很多研究都关注负面情绪，如压力、恐惧、焦虑和生气。现代的研究完全推翻了这个观点。科学家告诉我们，在进化中高等动物的情感要比原始动物的更为丰富，人类则是所有动物中情感最丰富的。

此外，情感在人类日常生活中扮演着极其重要的角色，它能帮助评价处境是好是坏，是安全或危险。正如我在序言里讨论的那样，情感能帮助人们做出决策。正面的情绪和负面的情绪同样重要——正面的情绪非常有助于学习、激发好奇心和创意。我们现在的研究正朝向这个方向。还有一个发现特别引起我的兴趣：心理学家艾丽丝·伊森（Alice Isen）和她的同事[5]指出，快乐能够拓展思维，有助于启发创意。伊森的研究发现，当要求人们运用非同寻常的、"跳出旧框架"的思路去解决难题时，如果送他们一份小礼物（不需要太好的礼物，让他们开心就行了），他们会表现得更出色。伊森还发现，当你心情愉快时，你会更善于进行头脑风暴或验证多项选择。让人们开心并不太难，伊森所做的也不过是让人们看几分钟喜剧，或发给他们一小袋糖果。

我们很早就知道，当人们紧张时，思路就会变得狭窄，会过分关注和问题直接相关的部分。虽然这有助于逃避危险，但不利于富有想象力的思考，也不利于发现解决问题的新途径。伊森的研究结果显示，当人们轻松愉快时，他们的思路会更为开阔，从而更加具有创造性，更加富有想象力。

上述的发现及相关的研究揭示了美学在产品设计中的作用：有吸引力

的东西使人感觉愉悦，从而让人们更加富有创意。那么，如何让产品好用呢？很简单，人们在愉悦的状态下更容易克服所碰到的问题。对很多产品来说，如果你第一次使用时没有达到预期效果，最自然的反应是再试一次，只是需要多花点精力。现在的市场上有很多电脑控制的产品，不断重复同样的操作并不能获得更好的效果。正确的做法是尝试新的选择方案，而焦虑或紧张的人却很可能倾向于不断重复同样的操作。这种负面的情绪状态自然而然地会让人只注意问题的细节，而且，如果他们尝试失败，会更加紧张和焦虑。我们来比较一下同样的问题在正面情绪下的反应。愉快的人倾向于转向其他替代方法，这样容易得到满意的结果。总而言之，紧张焦虑的人也许会抱怨那些困难，而轻松愉快的人或许已经忘记了它们。换句话说，开心的人会更易于发现问题的多种解决方法，因而能够容忍小的困难。里德认为，我们需要用一种神秘的理论来阐释美与功能的联系。尽管花了100多年的时间，但我们终于找到了这一理论，它以生物学、神经学和心理学为基础，但却不是建立在神秘主义之上。

在大自然丰饶而复杂的环境下，人类自身的官能演化历经了数百万年。我们的感知系统、四肢、运动系统（它们控制着我们全身的肌肉）已经进化得很好，能使我们在地球上持续生存。人类的感情、情绪和认知系统也在相互作用，互为补充。认知体系负责阐释世界，增进理解和智识。情感，包含情绪，是辨别好与坏、安全与危险的判断体系，它是人类更好生存的价值判断。

情感系统还控制着身体的肌肉，并通过化学的神经传递元改变大脑的反应。肌肉反应让我们能做好准备应对反应，而且还对我们所遇到的其他人提供信号，这是情绪在沟通时所扮演的另一个重要角色：我们的肢体语言和面部表情能够传递出情绪的信号。认知与情感、理解力和判断力组建了一个强大的团队，协同工作。

三种运作层次：本能、行为和反思

当然，人类是所有动物里最复杂的，拥有复杂的大脑结构。人类的很多偏好在出生时就已经具备，这是身体基本的自我保护机制。同时，我们还有一个强力的大脑系统，用来完成任务、创造和表现。我们能成为技艺高超的艺术家、音乐家、运动员、作家和木匠。所有这些都要求更加复杂的大脑结构，而不仅仅是对世界的自然反应。最后，我们在动物里独一无二的，拥有语言和艺术、幽默和音乐。我们能够意识到自身在世界上的角色，能够对过去的经验加以反思，以便更好地学习；能够思考未来，以便更长远地规划；能够内省，以便能更好地应付现状。

西北大学心理学系的教授安德鲁·奥托尼（Andrew Ortony）和威廉·雷维尔（William Revelle），同我一起研究情感[6]。我们的研究发现，人类的大脑活动分为三个层次：先天的部分，被称为本能层次；控制身体日常行为的运作部分，被称为行为层次；还有大脑的思考部分，被称为反思层次。每一个层次在人的整体机能中起不同的作用。接下来我会在第三章详细描述，每一个层次都要求不同的设计风格。

这三个层次部分反映了大脑的生物起源。从原始的单细胞有机物缓慢进化到更为复杂的生物，再发展为脊椎动物、哺乳动物，最后是猿和人类。对简单的动物而言，生命就是一连串的威胁和机会，它们必须学会做出恰当的反应。最基本的大脑回路其实就是单纯的反应机制：分析环境并做出反应。这个系统与动物的肌肉紧密相连。如果碰到有害或危险的事物，肌肉会立即紧张起来，准备逃跑，或者攻击，或者僵直不动。如果碰到有益的或满意的事物，动物就会放松并顺势利用环境。随着进化的持续，脑神经分析和反应的机能变得更加成熟。在动物和可口的食物之间放置一道铁丝网，小鸡可能永远被卡在那里，在铁丝网上挣扎，无论如何也够不到食物，而狗却能轻松地绕过去。人类拥有更为发达的大脑结构，他们不仅能反思自己的经验，还能同别人沟通经验。因此，我们不仅能绕过铁丝网获得食物，还能够重新思考这个过程——反思经验——并决定移走铁丝网来获得食物，这样下次就不用再绕道了。我们还可以告诉其他人这个经验，这样他们在还没到达那里之前就知道该如何去做了。

像蜥蜴这样的动物主要在本能层次活动，这时大脑以相对固定的模式分析世界并做出反应。然而，狗和其他哺乳动物会进行更高水平的分析，因为它们复杂和强有力的大脑能够分析环境，并相应地调整行为模式。人类意识的行为层次对那些熟练的例行操作非常有用，这也是技艺高超的表演者的出色之处。

在进化的最高级阶段，人类的大脑能够思考自身的运作。这是反思、有意识的思维和学习关于世界的新概念并加以归纳的基础。

行为层次不是有意识的，这是为什么在行为层次你能够下意识地驾驶汽车，同时还可以在反思层次思考某些事情。熟练的表演者能很好地利用这一点。因此，那些技艺精练的钢琴家在思考乐谱的高阶结构时，能够让手指自动地弹奏。他们能够一边演奏一边交谈。有时候找不到自己弹奏的地方而不得不聆听自己的弹奏以找回状态。此时，反思层次迷失了方向，而行为层次仍在很好地工作。

现在，让我们来看看这三个层次在实际行动中的一些例子：坐过山车，用快刀将砧板上的食物剁开并切成块，思考一部严肃的文学或艺术作品。这三种行为以不同方式影响我们：第一种是最原始的，对坠落、高速和攀高产生本能的反应。第二种涉及使用高效的好工具的愉悦，指的是熟练完成任务所产生的感觉，来自行为层次的反应。这也是任何专家顺利完成工作时的快乐感受，就像驾驶汽车通过一段崎岖的路，或弹奏一首高难度的曲子。这种来自行为的愉悦，不同于严肃的文学或艺术作品所提供的快乐，因为后者来自反思层次的享受，需要进行分析和诠释。

感知器官   运动神经

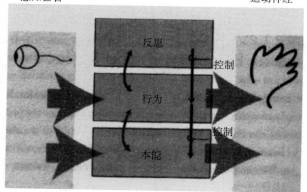

图1.1

图1.2

三种运作层次：本能、行为和反思

本能层次反应很快，它可以对好或坏、安全或危险迅速做出判断，并向肌肉（运动系统）发出适当信息，警告大脑的其他部分。这是情感处理的起点，由生物因素决定，可通过控制讯号来抑制或强化它们。大多数人类行为属于行为层次，这类活动可通过反思层次来增强或抑制，反过来说，它也可以增强或抑制本能层次。值得注意的是，它与感觉输入和行为控制没有直接的联系途径，只是监视、反省和设法使行为层次具有某种偏向。[修改自2003年丹尼尔·罗素（Daniel Russell）为诺曼、奥托尼和罗素提供的一张图片]

人们花钱买恐惧

过山车使情感的某一层次（对恐惧的本能感觉）与另一层次（完成后反思层次上的自豪感）相互抗衡。[摄影：比尔·维尔利（Bill Varie）]

最有趣的莫过于一个层次与另一个层次相互抗衡，就像坐过山车。如果过山车真的那么可怕，为什么还如此流行？至少有两个原因。首先，一些人似乎就是喜欢恐惧：他们乐意享受伴随着危险而来的肾上腺素快速分泌的强烈刺激。其次，在于坐过山车的感受，例如克服恐惧的自豪感和对别人吹嘘的资本。在这两种情况下，本能层次的恐惧与反思层次的愉悦相互较量，但后者不是经常能获胜，因为很多人事后拒绝再次尝试坐过山车，他们认为一次就够了。不过，这也增加了那些乐于再次挑战的人的乐趣，正因为他们敢于继续尝试别人畏惧的事情，他们个人的自豪感将大大加强。

关注与创造力

大脑的三个层次相互作用，互相调节。当行为由最低的本能层次发起时，被称作"自下而上"的行为。当行为由最高的反思层次发起时，则被称作"自上而下"的行为。这些术语描述了大脑结构活动的典型模式。大脑最低层次负责将神经信号传输给身体，而最高层次进行高级思维活动。正如图 1.1 所示。自下而上的过程由知觉驱动，而自上而下的过程则由思维驱动。从生物学角度看，一种浸在脑组织里的、被称作传导神经元的液体化学物质，会让大脑改变其工作方式。就像传导神经元的名称所揭示的，神经细胞如何将神经刺激从一个受刺激细胞传递给另一个（通过两个神经元的相接处）。一些传导神经元增强传送过程，而一些传导神经元则抑制传送。去看、听、触或感受周遭环境，再由情感系统进行判断，然后激发大脑里的处理中心，向情感系统释放适当的传导神经元。这就是自下而上的活动。相反，在反思层次思考某件事情，然后想法被传输到最低层，触发传导神经元工作，这就是由上而下的活动。

你所做的任何事情都包含认知与情感的成分——认知赋予事物以意义，而情感则赋予其以价值。你不可能逃避情感，它就在那儿。更重要的是，不管是正面或负面的情感状态，都会改变我们的思考方式。

当你处于负面情绪的影响之下，会感到焦虑或悲观。这时，传导神经元会集中注意力于大脑活动。集中注意力意味着全神贯注于某个主题，越来越深入其中，直至找到解决方案。集中注意力还隐含着关注细节，这一点对逃生非常重要，逃生时主要由负面情绪发挥作用。

当大脑发觉某种危险逼近时，不论是通过本能层次还是反思层次的作用，情感体系会使肌肉紧张以准备进行反应，并且向行为层次和反思层次发出警报，暂停这两个层次的活动，以便精力集中于所面临的问题。这时候传导神经元就施力于大脑的组织机构，使其专注于当前危险，避免精力分散。这就是碰到危险时，大脑和肌肉的反应。

当你处于正面的情绪状态时，就会产生和上面完全相反的反应。这时，传导神经元会使大脑拓宽思路，使肌肉放松，大脑也随时准备接纳正面情绪所带来的机会。拓宽意味着你没有过于集中注意力于某事，思路容易被打断，易于接受任何新的想法和事件。正面情绪会唤起好奇心，有助于激发创造力，使大脑处于开放、高效学习的状态。在正面情绪下，你不会"只见树木不见森林"，能够把握全局。从另一个方面说，当你处于负面情绪时，感受到的是悲伤或焦虑，你更容易"一叶障目"。

那么，这些情绪状态对设计有什么影响？首先，处于放松的状态下，开心快乐的人更富有创造力，能更加高屋建瓴，轻松处理碰到的小麻烦——尤其是这样做比较有趣时。例如在序言里提到迷你库珀的评价时指出，这是一款非常有趣的迷你小车，以至于人们常常忽略它的缺点。其次，当人们焦虑紧张时，会不由自主地集中注意力。当出现这种情形时，设计师应当特别注意以确保所有的任务指南都在用户手边，随时可以查阅，并且对设备的操作给以清晰明确的指示。不过，如果产品非常有趣可爱，设计师就不必太费周折。设计在紧急环境下使用的产品需要更加留心，应当多关注细节。

在两种情感状态思维过程的差异中，一个有意思的现象是它们对设计过程本身的影响。设计及更多相关问题的解决都需要创造性的思考，以及随之而来的长时间专心致志的努力。就创造性来说，当设计者处于轻松愉快的状态时，更加有益于激发创意。因此，进行头脑风暴时，通常要讲一些笑话或玩一些游戏来热身，过程中不允许批评，因为批评会让参与者感到紧张。成功的头脑风暴和非同凡响的创意思考，都需要在正面情绪主导下放松心态。

一旦完成创意阶段，就得将产生的好主意转化为真正的产品。这时，设计团队需要非常注意细节。这里，集中注意力显得尤为重要。有一种方式是设定截止日期，要稍微短于按部就班的时间。这是负面情感引起注意力集中所需要的时间。这也是人们为何经常给自己先设定一个截止的日期，然后宣布出去，就不得不按期执行了。焦虑也会帮助人们完成工作。

在设计过程中，同时进行创造性思考和集中注意力，是需要技巧的。假设一个设计任务是为一个核电厂或大型化工厂的操作员建造一个控制室（这个例子适用于很多生产制造型企业）。设计的目标是监控生产的关键工序或流程——也就是说控制室的操作员能够监控整个车间，并且在发生问题时解决它们——或许最好的方式是施加中性的或轻度负面的情感，以使人们保持警觉并集中注意力。这需要给操作员提供一个有吸引力的愉悦环境，以便在正常监控状态下，他们能够保持创造力并以开放的心态去发现新情况。当某项工厂的监控参数达到危险级别时，控制室就会改变状态，让操作员产生负面的情感以使其集中注意力去处理所面临的危险。

怎样才能设计出一个产品，能够在唤起正面情感和负面情感之间自然转换呢？有几种不同的方法。一种是利用声音效果。从视觉上让工厂看起来赏心悦目，正常情况下也许还能播放轻柔的背景音乐，除非控制室所在的位置正好位于工厂运转的声音被用来指示当前的状态。不过，一旦出现任何问题，应马上关掉音乐，发出警报。蜂鸣和警铃能让人产生反感和焦虑，所以当它们响起来时会激起负面情感。当然，应该注意不能过度使用，因为太多的焦虑会导致"视野狭隘"的现象，人们会过于专注而看不到其他明显的提示。

研究意外事件的人深知过度集中注意力的危险。因此，如果我们想让人们在高度压力下很好地工作，就要有特别的设计并培训用户。基本上来说，由于高度焦虑所带来的过度集中注意力和"视野狭隘"现象，处理程序也要被设计得尽量减少创造性思考。这就是为什么通过培训练习和模拟操作，专业人员一次又一次地在意外情况下受训，如果真的遇上了突发事件，他们才能下意识地自动做出反应。但只有经常反复地进行培训练习及测试培训结果，这种培训才有效果。在商务航空领域，机组和空乘人员受过专业培训，而乘客却没有。所以，即使那些经常坐飞机的乘客不断地听到和看到如何在飞机着火或坠毁时逃生的说明，他们也只能被动地坐着，仅仅有些警觉而已。因此，当真正处于紧急状态时，他们已经不太记得那些说明了。

"失火了！"剧院里有人喊，所有人立即涌向出口。他们在紧急出口能做什么？互相推挤。如果门没有打开，他们会更用力地推挤。但如果门朝里开，应该往里拉门而不是推门，怎么办？太紧张了，注意力高度集中的人们已经忘记去拉门而非推门了。

当处于高度焦虑的严重的负面情绪下，人们的注意力只放在逃生上。他们冲到门前，就使劲推。如果推不动，自然的反应是更加用力地去推。因此而罹难的人不计其数。现在，消防法规要求剧院必须安装应急装置，即"安全推压式门栓"。剧院的所有门必须是向外打开的，而且无论何时，门必须一受到推挤，就能够打开。

与此类似的是，逃生楼梯的设计者必须设法单向封锁住任何从一楼通向地下的入口。否则，当人们在火灾时使用楼梯逃生时，很可能错过一楼而直接误入地下室，被困于其中，更不用说有些大厦还有好几层地下室。

有准备的头脑

　　尽管本能层次是大脑最简单、最原始的部分，但它对各种各样外界情境的反应非常敏感。这由遗传决定，并伴随着人类漫长的进化过程而不断演化。然而，它们都拥有一个共同的属性，即对外界环境的反应仅仅依靠简单的信息传感系统。本能层次无法进行推理，不能将现状和历史进行比较。本能层次依赖认知心理学家所谓的"模式配对"原理进行工作。人类天生的遗传程序是什么？在人类的演化历程中，那些提供食物、温暖和自我保护的状况和物体，激发了正面情感。这些状况包括：

　　　　温暖、舒适、明亮的处所

　　　　温和的气候

　　　　甜美的口味和气味

　　　　明亮的、高饱和度的色彩

　　　　抚慰的声音及简单的旋律和节奏

　　　　悦耳的声音及音乐

　　　　爱抚

　　　　笑脸

　　　　节拍

　　　　有魅力的人

　　　　对称的东西

　　　　圆润平滑的东西

　　　　美好的感觉、声音和形状

　　同样，下面列出能够自动引起负面情绪的状况：

高处

突然、意外的强光或巨响

若隐若现的物体（看起来似乎就要撞上观察者）

极度寒冷或过热

黑暗

太亮的光线或太大的声音

空旷平坦的地带（沙漠）

密集阴暗的地区（灌木丛或树林）

拥挤的人群

令人作呕的气味、腐烂的食物

苦味

尖锐的物品

杂乱的、粗鲁的声音

刺耳的、不和谐的声音

畸形的躯体

蛇和蜘蛛

人的粪便（连同它的味道）

其他人的体液

呕吐物

以上所列是我能想到的，最能自动触发人体反应程序的事物。其中一些也许还存在争议；也许还有一些可以增加进去；有一些从政治的角度来看是错误的，因为它们似乎对多元社会做出了毫不相关的价值判断。人类优于其他动物的地方在于所具有的强大思维能力，能够超越来自本能层次的、纯粹生物性的支配。我们能够克服自身的生物遗传缺陷。

值得注意的是，有些生物机制只是先天素质而非发育完善的系统。因而，尽管我们认为人类生来就怕蛇和蜘蛛，但实际上并非所有人都害怕：这是通过后天经验所触发的。尽管人类的语言来自行为层次和反思层次，但它还是给先天素质与后天经验如何交互影响提供了很好的范例。人类的大脑生来就具备语言的天分，那是大脑的结构，也就是大脑不同部分的组织与互相作用的方式，提供了语言滋生的土壤。婴儿并非一出生就懂语言，但他们具备了这种先天素质并为掌握语言做好了准备，这是学语言的生物基础。但后天的个人经历决定了你学习哪种语言，用什么口音来说话。大脑已经作好学习的准备，除非具有严重的神经功能或身体残疾的人，否则每一个人都能学会语言。此外，这种学习是自动的，我们也许要去学校学习读和写，但不会学习听和说。口头语或者聋哑人的手语，都是自然而然的。尽管存在不同的语言，但它们都遵循一定的共通规则。一旦掌握了第一种语言，就能大大影响后续其他语言的学习。如果你成年之后学习第二种语言，就会知道与在潜意识下、毫不费力地学习第一种语言相比，那是多么不同，多么艰难，需要反思和意识。对年老的语言学习者来说，口音是最难模仿的。所以当人们日后学习第二种语言时，不管在听说读写以及理解方面多么流利顺畅，都会带有母语的口音。

　　tinko 和 losse 是精灵语（Elvish）中的两个词[7]。精灵语是英国语言学者托尔金（J. R. R. Tolkien）为他的《指环王》三部曲所虚构的语言。tinko 和 losse，哪一个指"金属"（mental），哪一个指"雪花"（snow），你能猜出来吗？令人惊奇的是，如果一定要让大家猜，很多人都能猜对，即使他们从来没有读过这系列的书，也没有见过这两个字。tinko 有两个强爆破音"t"和"k"。losse 则有柔和的流畅音节，从"l"开始，沿着元音滑到齿擦音"ss"。请注意，在英语单词中类似的结构，"金属"（mental）的爆破音"t"和"雪花"（snow）的柔音形成对照。所以，在精灵语中，tinko 指的是"金属"（mental），losse 指的是"雪花"（snow）。

　　这个精灵语的故事说明语言发音和词语意义之间的联系。虽然乍看之下，发音本身没有意义，毕竟词语是随意选择的，但越来越多的证据显示，语言的发音同特定的共通意义相关。例如，元音是柔和亲切的，像"女性"（feminine）就是一个常用词。而"刺耳"（harsh）的发音，就像这个词本身一样刺耳，特别是"sh"这个齿擦音。"蛇"（snakes）咝咝地滑行，留意其中的齿擦音"s"所发出的咝咝声。爆破音是空气受到短暂阻碍，然后迅速释放所形成的，具有坚硬的金属感。"男性"（masculine）就是这类例子。"mosquito"（蚊子）的"m"和"happy"（快乐）中的"p"也是爆破音。而且有证据表明，选择词语不是随意的，发音的象征意义支配着语言的发展[8]。例如，艺术家和诗人很早就知道发音可以激发读诗者的感情和情绪，或者更准确地说，是听众的感情和情绪。

所有这些先天机制对于人们的日常生活，还有我们同其他人与物之间的互动都很重要。因此，它们对设计也很重要。设计者运用这些大脑运作机制的科学知识进行设计，并没有简单的章法可循。尽管人们拥有类似的形体和大脑，但是人的心灵是非常复杂的，并且个体之间存在巨大的差异。

情绪、心情、人格和特质都是人们心理机制的不同方面，特别是在心理和情感领域。在相对短暂的时期里，情绪能够改变行为，因为它是对当前事件的反应。情绪并不能持续太久，大多为几分钟或数小时。而心情则持久得多，通常能持续数小时或几天。特质会持续得更久，长达数年甚至一生。而人格是个人一生的各种特质的综合。不过，它们都会改变。我们都有多种人格，一些特质体现在与家人相处时，另外一些不同的特质则体现在和朋友在一起时。我们会改变自己的行为习惯，以适应所处的环境。

有没有体验过兴致勃勃地看一场电影，当看第二遍时不禁质疑自己第一次究竟看了些什么？在生活中，任何时候几乎都会碰到同样的情况，不管是与人互动时、运动时、读书时，亦或在林中漫步时。这一现象会让那些想知道如何为所有人设计产品的设计者感到苦恼，因为这个人所接受的可能是那个人所拒绝的。更糟糕的是，这会儿吸引你的东西，待会儿就不一定招你喜欢了。

　　这种复杂性的根源来自大脑运作的三个层次。在本能层次，全世界的人都差不多一样，但个体确实有差异。例如几乎每个人生来都惧高，有些人由于过度害怕而不能正常活动——他们患有恐高症；而其他人仅仅是轻微的害怕，他们能很快克服恐惧，去攀岩、表演马戏或从事其他必须在高空进行的工作。

　　行为层次和反思层次则很容易受到经验、训练和教育的影响。文化观念在这里起了很大作用：在一种文化里崇尚的东西，未必在另一种文化里流行。实际上，在青少年文化中，青少年所不喜欢的东西，恰恰是成人世界所喜欢的。

　　那么，设计师能做什么？这是本书后面章节的一个主题。设计师应该将挑战看成机会。设计师从来不会担心没有东西可设计，也不怕没有新的探索方式。

注解：

1．"两位日本研究者黑须正明和鹿志村香"：黑须与鹿志村香，1995。

2．"日本文化以其传统美学闻名世界"：崔克廷斯基，1997。

3．"崔克廷斯基计划重新做这个试验"：崔克廷斯基，1997；崔克廷斯基、卡茨和伊卡尔，2000。

4．"需要某种神秘的美学理论"：里德，1953，第61页。

5．"心理学家艾丽丝·伊森和她的同事"：阿什比、伊森和库肯，1999；伊森，1993。

6．"我的同事们跟我一起研究情感"：奥托尼、诺曼和雷维尔，2004。

7．"精灵语中的两个词"：托尔金，1954a，b，c，1956。丹·霍尔斯特德和基特·沃尔德曼于2002年在我的课堂上进行了这个特殊的试验。他们在课堂演示中描述了托尔金的语音象征，而这些从没听过精灵语的人却能准确地猜出这些词的意思。

8．"发音的象征意义支配着语言的发展"：辛顿、尼科尔斯和奥哈拉，1994。

第二章

情感的多面性与设计

晚餐过后，朋友安德鲁非常兴奋，他拿出一个漂亮的皮盒，自豪地说："打开它，谈谈你的感想。"

我打开盒子一看，里面是一套旧的机械制图工具，泛着不锈钢的光亮，有分角器、圆规、圆规臂、各式各样的圆心、铅笔芯盒，还有可以安装在分角器和圆规上的水笔芯。除了 T 形尺、三角板和表尺，还有墨水，那个 India Ink 黑墨水。

"真有趣，"我说，"那真是美好的日子。那时我们用手绘图，而不是用电脑。"

当我们拨弄着这些文具时，我们的眼角湿润了。

"不过你知道，"我继续说，"我讨厌它们。我的文具经常打滑，还没有画完圆之前圆心就移位了。还有墨汁，讨厌的墨汁，在没有完成图表时就渍了一大片，整个图都废了！所以我常常咒骂和尖叫。有一次不小心打翻了整瓶墨汁，于是书上、图纸上、桌子上，到处都是墨汁，而且怎么也洗不干净。我讨厌它，非常讨厌！"

安德鲁笑了，"对，你说得对，我都忘了我是多么讨厌墨汁，最糟糕的是有太多的墨水粘在笔尖上！不过这些绘图工具还是蛮可爱的，是吧？"

"非常可爱，"我说，"就像我们从来没有用过似的。"

这个故事展示了认知与情感体系的几个层次——本能的、行为的和反思的——是如何相互作用，同时互相对抗。首先，当看到精致的皮盒与泛光的不锈钢文具，我们感到开心而且感受到它们舒适的质感时，最基本的本能层次立刻做出愉悦的反应，并且促使反思系统回想起几十年前的"那些美好的时光"，当时，我和我的朋友们正在使用那些文具。但是当我们对过去的回忆越来越多，我们也想起了那些不愉快的体验，这时，实际的负面感受与最初的本能愉悦发生了冲突。

我们回想起当年的实际情况是多么糟糕，那些文具从来就没有被好好掌握，有时候浪费掉我们好几个小时。现在，在我们俩的心里，本能层次与反思层次正在进行对抗。这些经典的文具在外观上很吸引人，但是关于使用它们的经验却是负面的。这是因为情感的力量会随着岁月的流逝渐渐褪色，而记忆中的负面情感不能抵挡那些文具外观所引起的正面情感。

情感的不同层次上的冲突在设计中比较常见，实际的产品会引起一连串的冲突。人们在不同层次解释同一个经验，但是吸引此人的东西未必吸引其他人。成功的设计不得不超越所有层次。譬如，尽管从逻辑上讲，恐吓客人是不好的事情，但是很多客人喜欢去游乐场和主题公园体验那些为恐吓游客而设计的过山车和鬼屋，当然，这种恐惧发生在安全可靠的环境里。

设计在每个层次的要求也大不一样。本能层次是先于意识和思维的，它是外观要素和第一印象形成的基础。本能层次的设计更多强调产品给人的初步印象，着重于产品的外观、触感等。

行为层次与产品的使用及体验相关。体验本身包含了很多方面：功能、性能及可用性。一个产品的功能定义了它能做什么——如果功能不完善或者没有足够吸引力，产品就没有多少价值。产品的性能体现在它如何完成所定义的功能——如果性能不充分，那么产品就算失败。可用性则体现在用户能否清晰理解产品如何工作，并且能够达到预期效用。当人们在使用产品的过程中感到迷惑或者沮丧时，会产生负面情感。如果产品满足了需要，同时在使用中为用户带来乐趣，就很容易实现预期目的，也会产生温馨正面的情感。

只有在反思层次，才存在意识和更高级的感觉、情绪及知觉；也只有这个层次才能体验思想和情感的完全交融。在更低的如本能层次和行为层次，仅仅包含感情，没有诠释或意识。诠释、理解和推理来自反思层次。

在所有三个层次里，反思层次最容易随着文化、经验、教育和个体差异的不同而变化，而且该层次超越了其他层次。因此，有些人对令人厌恶或恐惧的本能体验感到很喜欢，而有些人却会非常讨厌；或者有些人对一个设计根本无法接受，而其他人却觉得这个设计十分有魅力、有吸引力。

图2.1

图2.2

跳：是对高空的先天恐惧感，还是一次愉快的体验？［罗基波因特图片（Rocky Point Pictures）；图片提供：特里·舒马赫（Terry Schumacher）］

纪念物的纪念品
尽管纪念品经常被指责为"庸俗品"，不值得被视作艺术品，但是因为纪念品可以唤起人们的回忆，所以蕴含着丰富的情感意义。（作者藏品）

层次之间另外一个显著的差别是：时间。本能层次和行为层次是"现在时"，你的感觉和体验是实实在在从看到的或正在使用的产品中获得的。但是，反思层次会持续很久——通过反思，你回忆起过去并能预见到未来。因此反思设计是关于长久的关系，也和拥有、展示及使用产品时获得的满足感有关。个人的自我认同就建立在反思层次上，这个层次也是产品与个人的自我认同之间交互作用的重要之处，正如你所表现出来拥有或使用某物的骄傲（或羞耻）。与客户的互动及服务也关系到这个层次。

三种层次的运用

这三个层次相互作用的方式比较复杂。尽管如此，从应用的目的出发，我们可以试着简化它们。所以，尽管作为科学家的我接下来将要描述的事过于简单，但是身为工程师和设计师的我认为这种简化恰到好处，更重要的是它非常有用。

这三个层次与产品的特性关系表现如下：

本能层次的设计＞外观

行为层次的设计＞使用的愉悦和效用

反思层次的设计＞自我形象、个人的满足、记忆

但这样的简化实施起来有些困难。难道有些产品主要是以本能层次为诉求，有些产品主要以行为层次为诉求，而还有些产品主要以反思层次为诉求？产品如何协调在某个层次上满足与其他层次相冲突的需求？如何将本能的愉悦转化到产品里？让一些人兴奋的要素会不会让其他人失望？同样地，对于反思层次，一些深刻的反思在吸引一些人的同时，会不会令其他人反感？是的，我们都认可行为设计的重要——几乎没有人反对过可用性——但那又怎样，在整个设计方案里所占比例有多大呢？如何比较每一

个层次同其他层次的重要性呢？

答案当然是，没有任何一种产品能够满足每一个人。设计师必须知道产品的目标用户。尽管我分别描述了三个层次，但是真正的体验都包含了所有三个层次：在实际中，很少只涉及单一层次，如果真有特例，那么最可能来自反思层次，而非行为层次和本能层次。

让我们来探讨一下本能层次的设计。一方面，它是最容易迎合人们的最简单的一个层次，因为它引起的反应是生物性的，世界上的每一个人都相似，但是这不一定会直接转化为用户的偏好。进一步说，尽管所有人的体形大致一样，都有四肢、相同的智力器官，但仔细说来，每个人都是有很大差异的。有些人身强力壮，有些人柔弱多病；有些人精力充沛，有些人则懒惰散漫。人格理论将人分成几个维度，如外向的、温和的、负责任的、性情平稳的和开放型的。对设计师而言，这意味着没有任何一个设计能够满足所有人的口味。

除此以外，本能反应的个体差异很大。因而，虽然一些人热爱甜点，尤其是巧克力（有些人声称是巧克力迷或是"巧克力族"），但还有一些人则对此不为所动，即使他们也喜欢巧克力。几乎所有人刚开始都不喜欢苦味和酸味，但你可以逐渐习惯它们；而且它们经常是那些价格昂贵的宴席上的组成部分。许多成年人喜爱的食物在初尝时都不那么美妙，譬如咖啡、茶、酒精饮料、辣椒，甚至一些让很多人恶心的食品——牡蛎、章鱼和鱼的眼球。尽管本能的反应能保护我们的身体免受伤害，但很多我们喜欢和追求的体验包含了恐惧和危险，例如恐怖小说和电影、挑战死亡的历险和恐惧、冒险的运动。正如我之前提到的，由冒险和潜在的危险所带来的愉悦，在人们之间也极为不同。这种个体的差异是人格的基本要素，而正是这种差别，使我们每个人都与众不同。

到户外去，呼吸新鲜的空气。

看迷人的日落。

孩子，那会让你老得很快。

——XBOX 广告词（微软的视频游戏主机）

与那些接受传统道德标准、喜欢看日落、喜欢新鲜空气的人相比，这段微软的 XBOX 活动广告文案吸引了追求高度激发本能、带有快感和刺激的游戏的青少年和年轻的成人（不论他们的实际年龄是多大），这个广告挑起对在户外静静享受日落的反思层次的情绪，和不断处于快速移动、热衷于视频游戏的本能和行为层次情绪之间的对立。一些人能够连续几个小时观看日落，而一些人则在几秒钟后就感到厌烦，并且不断唠叨："我来过这里了。"

由于地球上的每个人在个体、文化和体质方面存在很大差异，单一的产品不可能满足所有人。一些产品确实以地球上的所有人为目标人群，但仅仅限于没有其他选择的时候，或者通过灵活的市场和广告运作重新定位于不同的人群，它们才可能成功。因此，可口可乐和百事可乐的全球成功战略，一方面是因为利用了人们对甜饮料的普遍喜欢，另一方面是通过巧妙且有文化性的广告。而个人电脑的全球成功则因为它们带来的效益，超越了它们的（无数的）缺陷，此外，还由于它们的确不可替代。但是，多数产品不得不接受用户差异的影响。

能够满足广泛需求和喜好的唯一方式是设计各式各样的产品。很多产品目录都有针对性，每一种产品都迎合不同的用户。杂志就是一个很好的例子，世界上有数以万计的杂志（仅在美国就有两万多种[1]），但很少有杂志会去迎合所有人的口味。甚至一些杂志特别标榜他们的专业性，指出他们不是为了所有人，而是仅仅满足那些有特殊兴趣和品位的客户。

许多产品目录，像家电、金木工具或园艺工具、家具、文具、汽车等，以不同的方式生产并销售到世界各地。根据目标市场的需求和喜好的不同，它们拥有不同的风格和外观。市场细分（market segmentation）就是一个为此而诞生的专有名词。汽车公司生产了许多不同样式的汽车，有些公司经常特意区分市场。例如，一些车是为安静稳重的老年人设计的；一些车专为年轻人和爱冒险的人设计；一些车是为户外越野和穿越河流、森林的旅行而设计，它们能够穿越陡峭的斜坡、泥泞、沙漠和雪地；还有一些车迎合那些梦想着冒险与越野，却从没有真正去实现的人。

产品的另外一个重要因素是，是否和情境相适应。从某种程度而言，这适用于人类所有的行为：在一种情形下合适并真正合意的东西，未必适合另外的情境，有时甚至被婉拒。我们都学过如何规范自己的语言，同朋友在轻松交谈的场合说的话，大大不同于正式严肃的商务会议用语，也不同于与教授的谈话。适合于夜宴的晚礼服不一定适合于正式的商务活动。很酷、很随意或诙谐有趣的物品也许不适合用来装点办公场所。同样，过于工业化的设计很合适工厂，但用在自家的厨房或卧室就显得不协调了。

向家电产品市场销售的电脑，往往比商用电脑配有功率更大、效果更好的声效系统。实际上，很多商用电脑没有家用电脑应有的标准配置，如拨号的调制解调器、声效系统，或 DVD 播放器。原因很简单，这些配置是为娱乐或游戏而设计的，并不适合严肃的商务活动。如果电脑看起来过于绚丽和有趣，经理们可能会拒绝购买。有人认为，正是这个因素影响了苹果电脑的销售，因为苹果电脑被看作是家用、教育用或绘图用的电脑，并不适合商务人士的需要。这其实是一个外观的问题，因为实际上所有的电脑都很相似，不管是苹果或其他公司生产制造的，也不论它们运行的操作系统是 Windows 或 Macintosh，但是外观和心理暗示决定了人们购买哪种电脑。

一般而言，"需要"（needs）和"想要"（wants）这两个词的差别在于，用来区分人们的实际需求（"需要"）和心理欲求（"想要"）。"需求"由任务决定：桶是用来打水的，某种公文包是上下班携带文件所需要的。

"想要"则受制于文化、广告、个人眼光和自我形象。尽管学生的书包或纸袋能够很好地携带文件，但背着这样的包包参加一个严肃的、有分量的商务会议，就有些尴尬了。当然，尴尬是一种情绪，反映出不合适的行为所引起的感受，而且确实发自内心。产品设计师和市场总监都清楚，"想要"比"需要"更强烈地决定了产品的成败。

满足人们真正的需求，要涵盖不同的文化、年龄段、社会及种族的需要，是很困难的，更不用说迎合那些真正购买产品的人的许多想法、兴致、观念以及偏见，这是一个非常大的挑战。此外，还要注意很多人购买产品是为了其他人，不管是公司为了节省成本而设的采购部门，还是父母为孩子挑选礼物，抑或是代理商为了促销而购买家具装修房子。

对一些设计师而言，这些挑战似乎难以应对，而对另外一些设计师来说，这些挑战让他们激情澎湃。一个典型的例子是设计视频游戏的操控键盘。视频游戏直接冲击着传统的游戏产业：年轻人喜欢暴力和刺激，喜欢多彩的画面和灵动的音响，喜欢带来快速反应的运动类游戏或射杀恶魔的游戏。在设计这类游戏时，就得考虑到这些需求，正如广告里宣传的：高大、强壮、强大、有技巧、年轻、阳刚、男性化。视频游戏机在这个市场大行其道，远远超过电影的票房。

尽管这类游戏的目标市场是年轻人，但实际上视频游戏的市场要大得多。用户平均年龄大约为30岁，玩游戏的女性和男性数量大致相同。在美国，大约一半的人都在玩游戏，其中的许多游戏不再粗野和暴力了。我将在第四章谈到视频游戏，这是一个新兴的娱乐和创意领域，不过，在这里我不得不强调一个事实，尽管有这么多游戏迷，但游戏机操控台的外形设计并没有多大改变以迎合越来越多的用户。它的设计还是只关注于年轻易动的男性人群，这限制了其他潜在的用户，将许多成年女性和女孩，甚至很多成年男性都排除在外。视频游戏巨大的市场潜力还远未开发出来。

此外，视频游戏的应用潜力其实远远超过玩游戏本身，它们也是很好的教育设备。当人们玩游戏时，不得不学习那些令人惊讶的技巧和知识，你会深深地沉浸于游戏达数小时、数周甚至几个月。你得阅读相关图书并透彻地研究这些游戏，和其他人一道主动地解决难题。当我们和别人对一些有意思的话题进行深度互动时，这正好是一种高效学习方式，是一种不可思议的学习体验。因此，游戏机对每一个人都有很大的潜在影响，但这一点并未被系统化地研究开发出来。

为了抢占传统的视频游戏市场，厂家需要拿出不同的方案去吸引客户。之前提到的设计的三个层次理论，在这时就派上用场了。在本能层次，需要改进控制台和键盘的物理外观。不同的市场需要不同的设计方案，有些设计应该体现更加亲和、更加女性化的风格；有些设计则需要传达出更加专业和庄重的品位；有些设计要更具内涵和思考性，尤其是面向文教市场的设计。这些改变不会使产品变得无趣和沉闷，而是让它像以前一样吸引人，但又能强调游戏的不同功用。简而言之，外观应当同功能和用户相匹配。

今天，许多游戏的行为层次的设计以功能强大的图形界面和快速反应为重心。控制游戏的技巧是区分菜鸟和高手的主要特征之一。但如果要进军其他市场，就需要改变游戏的行为特征，使游戏内容更加丰富，图像更细腻。在很多领域，注重的是内容，而非技巧，所以要强调操作的容易性。关于内容，用户不该花很多时间去学习如何操作，而是能够很快地投入并琢磨如何掌控并进阶，享受其中的乐趣，并能深入探索。

当今的游戏在反思层次上的设计，突出了产品的形象，而且这种形象配合着光滑圆润的动力键盘，要求游戏者能够做出快速反应。这种情况必须要改变。广告既然宣传游戏机是适用于所有年龄的用户的学习教育工具，那么当一些控制键盘一如既往地展示其强大动力性时，另外一些控制键盘则应该定位为学习的辅助工具。每一种形式都有不同的外观、不同的操纵方式和不同的广告及市场策略。

让我们来想象一下未来吧。根据预设功能的不同，那些用来玩不同视频游戏的设备都呈现出各异的外观。在车库里，它们看起来像车间的工具箱，具有严谨坚固的外形，不容易损坏。它们就像是你的教练或助手，用来展示汽车的维修手册、结构图纸，以及维修或升级汽车的步骤的简短视频片断。在厨房里，它们则与使用的厨具相匹配，成为你烹调的大厨和好帮手。在起居室里，它们与家具和图书融为一体，扮演着参考书的角色，就像百科全书、家庭教师和益智游戏的玩伴（如弹珠、国际象棋、纸牌、拼字游戏等）。对学生来说，它们就是模拟、体验和广泛探索那些有趣与励志主题的工具，但得精心选择这些主题，以便在享受探索乐趣之余，还能够不知不觉地掌握相关领域的基本知识。设计应当适合用户、环境、目的。在这里，我描述的一切都是简单可行的，只是还没有去做而已。

唤醒回忆的东西

真实稳定的情感需要时间去挖掘：它们来自持续的互动。人们喜爱和珍惜什么？讨厌和憎恶什么？外观和行为效用的作用微不足道，相反，起重要作用的是互动的过程、人与物的联系，以及它们所唤起的回忆。

看看那些赠品和纪念品、明信片和纪念物，就像图 2.2 所示的埃菲尔铁塔模型，很少有人认为它们漂亮，更不会把它们当成精美的工艺品。在艺术与设计界，人们称它为庸俗品（Kitsch）[2]。《哥伦比亚电子百科全书》（*Columbia Electronic Encyclopedia*）指出，这个讽刺低劣庸俗物品的词语"自从 20 世纪初以来，一直被认为是做作的和格调不高的工艺品。这些纯粹为了商业利益而生产的物品，像蒙娜丽莎丝巾以及雕塑名作的拙劣塑料复制品一样，都被称为庸俗品。就像那些号称具有艺术价值，却又缺乏说服力且廉价或煽情的作品一样。"根据《经典美语辞典》（*American Heritage Dictionary*），"煽情"指的是"仅仅来自情绪而非理智或现实"。"情绪而非理智"——嗯，没错，一语中的。

优吉·贝拉（Yogi Berra）曾谈道："没人再想去那里了，太拥挤了。"把这句话转换到设计方面，即是"没人喜欢庸俗品，太大众化了"。是的，如果太多人喜欢某个事物，其中一定有什么缘由。但是，难道非常流行的事物没有告诉我们什么吗？我们应当停下来好好想想为什么会那么流行？一定是人们发现了其中的价值。它们满足了人们的一些基本需求。那些嘲笑庸俗品的人所看到的往往都是错误的方面。

诚然，那些名画、著名的建筑和纪念品的廉价复制品确实"便宜"。它们几乎没有什么艺术价值，只是现有作品的复制，而且往往是糟糕的复制，几乎没有什么内涵和深度。

同样，许多纪念品和流行的饰物也表现出一种俗气而浮华、"过度或是矫饰的情感"。但这难道不是它们本来的面目吗？生产它们的主要目的就是作为一种符号，一个能够唤起回忆、联想的重建线索。"纪念品"一词的意思是"勾起回忆或怀念的代表性事物"。艺术界或设计界所嘲笑的煽情正是它们的品质和流行之所在。像图 2.2 所示的这类庸俗纪念品并非要仿冒艺术品，它们是用来怀旧的。

在设计界，我们常常将美和情感联系起来。我们制作迷人的、可爱的、五彩斑斓的物品，然而无论这些特征有多么重要，它们都不是日常生活中能够支配人们的事物。因为那些迷人的东西刺激了我们的感官，所以我们喜欢它们。在情感的范畴，喜欢并迷恋丑陋的东西，与讨厌那些被认为是有吸引力的东西，同样合情合理。情感反映的是个人的体验、联想和记忆。

在《物品的意义》（*The Meaning of Things*）[3] 一书中，米哈里·塞克斯哈里（Mihaly Csikszentmihalyi）和尤金·罗奇伯格 – 霍尔顿（Eugene Rochberg-halton）研究是什么因素让事物与众不同。这是一本设计师必读的书。两位作者进入到普通家庭里采访居民，试图揭示他们与身边事物，以及与他们所拥有的财产的关系。作者特地要求人们展示对自己而言"很特别"

的东西，进而经过深入访谈，探讨是什么因素使得这些东西如此特别。特别的东西之所以特别，是因为它们承载了特别的回忆或联想。它们帮助拥有者唤醒了特别的情感，所有特别的东西都会唤起往事。很少有人在意这个特别物品的本身，重要的是故事，曾经刻骨铭心的时刻。因此一个妇人在接受采访时指着起居室的椅子说："这是我和我丈夫一起买的最早的两把椅子[4]，我们坐在那儿，就会想起我们的房子和孩子，以及同孩子一起坐在椅子里享受的下午时光。"

我们容易迷恋那些独特的能够让人心灵愉悦或深情回忆的东西。不过，或许更有意义的是我们对场所的留恋：家里某个宜人的角落、喜欢的度假胜地、喜爱的风景，诸如此类。我们真正迷恋的不是某个东西，而是那个东西所代表的意义和感受。米哈里·塞克斯哈里和尤金·罗奇伯格-霍尔顿认为，"精神能量"（psychic energy）是关键因素。精神能量通常指精神上的活力、精神的注意力。他们对"流动"的概念给予了很好的注解。在流动的状态里，你会专心于所做的事，就好像你们融为一体：物我两忘，好像世界消失在你的意识里。时间停止了，只剩下你正在做的事。流动是一种激情的、迷人的状态，它由与有价值的物品互动所引发。关于"家用物品"[5]，米哈里·塞克斯哈里和尤金·罗奇伯格-霍尔顿说："从两个不同方向促进了流动的感受。一方面，通过熟悉的符号化内容肯定了拥有者的身份。另一方面，通过吸引人们的注意力，家用物品可以直接提供流动的机会。"

或许最亲密最直接的物品是那些我们自己动手制作的，因而有了自制的手工艺品、家具和艺术品的流行。就像自己拍的照片，从技术上讲可能不是很专业：图像模糊、比例失调或者手指遮住了部分画面；还有些已经发黄褪色、被撕破了或者被用胶带修补了。但这些都不能阻挡它们唤醒人们对特别往事的回忆，此时此刻，照片本身的品相已经不那么重要了。

2002 年，我在旧金山国际机场观看正在展出的一个展览[6]的例子，就生动说明了这一点。这是世界上最有趣的博物馆之一——尤其对我这样关注技术对人和社会的影响，并对日常用品着迷的人而言。展览的名字叫"迷你纪念品"，主题是关于纪念品带来的回忆。展览展出了上百件迷你纪念碑、微缩建筑和其他纪念品，所展示的并不是它们的艺术品质，而是肯定它们的情感价值、它们所勾起的回忆，简而言之，是因为它们对拥有者的情感作用。展览海报的文字是这样描述迷你纪念品的作用的：

建筑纪念品的奇妙之处[7]在于，这些几乎一样的建筑纪念品引起我们每个人完全不同的回忆。

尽管各种各样纪念品的最终目的都是让我们去回忆，但涉及的主题却很广：伟大的人物和重要事件、战争和死亡，还有俄勒冈州阿斯托里亚的那段历史，都浓缩于这些小小的纪念物里。

然而，这些纪念品有两个主题。正如伊利诺伊州斯普林菲尔德的林肯墓园里的镀铜复制品，它除了让我们怀念这位美国第十六任总统，还让我们回忆起墓园本身。墓园能够帮助人们记住重要人物和事件，而迷你的墓园复制模型则能让你记住墓园。

建筑师布鲁斯·戈夫（Bruce Goff）曾说："你会有理由在建筑上做一些事，那么，这就是真正的理由。"不管建筑纪念品表面上的功能是什么（或许根本就没有），它们真正的理由都是要激起人们的回忆。

我们在观看展览时并不一定对这些纪念品产生留恋之情——毕竟，它们不属于我们自己，它们是由其他人收集和展示的。尽管如此，当我在展览前闲庭信步时，还是被那些曾经拜访过的地方的纪念品所深深吸引，也许因为它们唤起了自己曾经的回忆。然而，无论哪一个纪念品，如果在情感上是负面的，我会迅速逃避——不是逃开纪念品，而是逃开它在我们心中勾起的回忆。

比起其他任何东西，相片具有更加特殊的情感吸引力：它们会讲故事，而且是针对个人的。私人照片的魅力在于，将观看者带回到特定的社交场合。私人照片是纪念品，是勾起回忆的东西，也是社交工具，它穿越时空，跨越地域，使人们能分享回忆。2000 年的时候，仅仅在美国就有大约两亿部相机，大约每个家庭有两部；人们用这些相机拍摄了大约 200 亿张照片。随着数码相机的普及，很难估计所拍摄照片的数量，不过肯定是越来越多了。

尽管人们因照片能唤起美好回忆而喜爱它，但是数码照片的导出、打印、共享和展示技术，还是比较复杂和耗时，这影响了人们对心爱照片的存储、恢复和共享。

很多研究显示，将相机里的照片导出打印以便分享的过程折磨了许多人。因此，虽然拍了很多照片，但并不是所有的都需要处理。那些处理过的照片，有一部分常常被束之高阁。许多拿出来展示的照片，只是被直接放到相册里存档，从此难见天日。（从事摄影的人将它戏称为"鞋盒"，因为相册常常被存放在像鞋盒那样的纸盒子里。）有些人认真地将相册里的照片进行分门别类，但很多的人根本就没有用过橱柜或书柜里的相册。

现代家庭最珍贵的资源莫过于时间，精心处理那些精彩照片有些不值得。在想象中是很简单的事情，但很多人都没有那样做，我也没有。

数码相机带来了关键的改变，但没有触及本质。拍照和分享照片变得相对容易了，但打印照片或通过电邮寄给朋友却是一件很麻烦的事。借助个人电脑的强大功能，相纸打印和展示比电子版照片容易得多。电子相片需要处理好储存上的问题，以便你能够日后轻松地找到它们。

因而，尽管我们都喜欢欣赏照片，但我们不喜欢花费时间去整理和保存相片。对设计的挑战是保留优点去除不足，以便使照片的存储、传送和共享更容易，能够在数年后轻松地找到这些相片。这些都不是简单的问题，除非它们被解决了，我们才能真正享受照片所带来的乐趣。

　　家庭照则不一样。如果在办公室里走一走，你会在办公桌上、书柜上、墙上看到形形色色的家庭合影：有的是丈夫、妻子和儿女的全家福，有的是有父母的照片。是的，还有那些正式场合的照片：同公司总裁或其他高管的合影、授奖仪式的照片，以及在学院办公室里的集体合影、在会议间隙所有参加者一起拍的集体照，最后会被印在会刊上或挂在办公室的墙上。

　　不过，我得特别提醒一下，这种个人照片的展示极具文化性。不是所有的文化都允许披露个人隐私。在一些国家，很少在办公室摆出私人照片，家里也不常见。不过，他们会把相册拿给客人看，并且热情地比画和描述每一张照片。在有些文化里则根本禁止拍照。尽管如此，世界上大多数国家的人们拍了数以亿计张相片，即使它们不会被公开展览，但却是人们情感的寄托。

　　毫无疑问，照片在人们的情感生活里非常重要。有人冲进失火的家里只为了抢救珍贵的照片。即便人们分开了，那些温馨的影像仍是家庭的纽带，它们让记忆天长地久、代代相传。在照相术发明之前，人们经常雇用肖像师来为尊敬的或亲近的人画像，这要求静坐很长时间才能画出完美的效果。画像的优点是艺术家能够通过改变人物的外形以达到理想的效果，不像照片那样拘泥于写实。（如今，使用图像处理软件可以轻松修饰照片。我自己就曾经把家庭合影里一个家庭成员沮丧的表情换成开心的微笑。但居然没有人发现这一修改，甚至那个被改头换面的人也没注意到。）今天，即使个人相机非常普及，但摄影师还是很吃香，一部分是因为只有专业人士才能有技巧让你笑出来，并捕捉到那开心的一刻。

　　照片只有影像，没有声音。在英国布里斯托的惠普实验室，科学家戴维·弗罗利希（David Frohlich）曾经研发了一个叫"声音摄影"（audio-photography）的系统，即带有音轨的照片，可以在拍照时记录下当场的声音环境。（是的，这是现代科技的奇妙应用。）艾米·考英（Amy Cowen）报道了戴维·弗罗利希的成果，他是这样描述它的重要性的："每张照片背后都有一个故事[8]，记录了一个时刻、一段回忆。随着岁月流逝，照片通过唤起细节，使人们能重新忆起往昔。添加了声音的照片能很好地带来完整鲜活的回忆。"

戴维·弗罗利希指出，现今的技术可以让我们捕捉照片拍摄时的环境声音，并且日后能在相册里回放。音效能比静态的影像更好地记录丰富的情感反应。想象一下在开拍全家合影前的 20 秒，家庭成员之间窃窃私语（"嗨，玛丽，别愁眉不展"，"亨利，快点，站到法兰克和奥斯卡叔叔中间"）也被录下来——或许还录下了拍完 20 秒后的咯咯的笑声和放松的声音。戴维·弗罗利希这样描述了这一可能性[9]："录下拍照时周遭的环境声音可以烘托气氛和心情，帮你日后更好地回忆那美妙的一刻。怀旧的音乐结合照片能唤起更多回忆和感受，会说话的故事让他人更好地理解照片的含义，尤其是当事人不在的时候。"

自我感觉

回忆反映了我们的生活经历，提醒我们还有家人和朋友、经历和成就，还能增强自我认识的能力。我们的自我形象在生活中的重要作用比我们承认的要多得多。即使那些表面上不在乎别人评价的人，其实也很在意自我形象，他们只是装作不在乎而已。我们的穿着打扮、举止体态，以及所拥有的物质性的东西，如像珠宝首饰、手表、坐驾和房子，所有这一切都彰显了我们的个性。

自我意识是人类的基本属性。根据我们已知的心理机制以及意识和情绪所扮演的角色，很难想象它会是别的什么样。这一观念深深植根于大脑的意识层面，并与文化规范高度相依共存。因此，在设计中很难处理。

在心理学领域，对自我的探索已经形成了一个巨大的产业，包括随处可见的图书、协会、期刊杂志和研讨会。但"自我"仍然是一个复杂的概念，它具有文化的特殊性。因此，东西方观念里的自我相当不同，西方多关注个体，而东方重视团体。美国人倾向于追求个人的卓越，而日本人希望成为团体中优秀的一员，希望别人认可自己对组织的贡献。不过，即使这样来描述性格都过于宽泛和简略了。实际上，总体来说，在相同的环境下，人们的行为方式非常相似，正是文化给我们带来了不同的情境。亚洲文化比欧美文化更易于建立共享的团体氛围，因为欧美文化易导致个人主义的泛滥。如果把亚洲人放在个人主义的情境下[10]，或把欧美人士放在社群共享的环境里，他们会身处其境，产生相似的行为。

　　自我的某些特征看起来是共通的，譬如都期望得到他人的尊重，尽管尊重的具体行为由于文化的不同而异。在崇尚标新立异的个人主义至上的文化和崇尚和谐的社群组织文化里，这种期望都是同样的。

　　了解他人观点的重要之处在于，通过建立联系以推销商品，广告业者尤其深谙此道，他们将要销售的商品同快乐和满足的形象一起展示出来。他们展示一些潜在顾客可能梦想做的事情，如滑雪、浪漫的度假、异国情调的风景胜地和品尝外国美食。他们用名人来展示，让名人扮成消费者的榜样或英雄，以使消费者通过联想感到购买这些商品物有所值。在设计产品时可以强调这些方面。例如在服装式样上，一个人可以穿或优雅整洁或宽松嬉皮的款式，每一种都意图传达不同的自我形象。当把公司或品牌的商标印在衣服上、背包上或其他物品上时，仅仅名称就能告诉别人你的价值观和品位。你选择购买和展示的物品风格经常反映出公众在行为或本能层次的品位；或者无论你在哪里、怎样生活、旅行和做事，你对产品的选择，不管是精心或随意，都是对自我的有力宣示。对一些人来说，这一外在表现补偿了个人内在自尊的缺失。无论你承认与否，同意或反对，你购买的产品和你的生活方式都反映和树立了你的自我形象，以及你在他人心目中的形象。

　　激发自我正面意识的有力方式之一是个人的成就感，这也是个人兴趣的积极方面。人们创造一些独有的东西，通过兴趣小组或俱乐部，分享自己的成就。

从 20 世纪 40 年代末到 80 年代中期，希斯器材（Heathkit）公司[11]销售电子元器件套材给那些喜欢在家里自己动手组装的顾客，组装自己的收音机、音响、电视。通过成就感和其他组装者的共同关系，这些自己动手的人感到无比自豪。把一套元件组装起来靠的是个人本事，越是不熟练，越有特别的感受。然而，电子专家却不会产生这样的自豪，只有那些没有专业技术而去大胆尝试的人才会如此骄傲。希斯器材在帮助新手方面做得很出色，在我的印象中，那是自己所见过的最好的说明书。请注意，这些套装器材并不比同等级商业化的电子设备便宜。因此，人们购买套装器材是为了它们的高品质及自我成就感，而不是为了省钱。

在 20 世纪 50 年代早期，贝蒂·克罗克（Betty Crocker）公司推出了一种混合蛋糕粉，能够让顾客在家里轻松地制作出美味可口的蛋糕。不慌不乱，只要加水搅拌，然后烘烤。可是最后产品失败了，尽管测试表明蛋糕的口味符合人们喜欢的味道。为什么呢？公司事后进行调查试图找出失败的原因。市场研究人员邦妮·戈伯特（Bonnie Goebert）和赫玛·罗森泰尔（Herma Rosenthal）指出[12]："蛋糕粉有点儿太简单了，顾客感受不到成就感，没有产品的参与感。这样一来，家庭主妇们会觉得自己很无能，特别是当她系着围裙的妈妈正在旁边从头开始搅拌蛋糕时。"

是的，做蛋糕太简单了。贝蒂·克罗克要求厨师做蛋糕时在面粉里加入鸡蛋，这样一来工作就有意思多了，自豪感产生了，问题解决了。很明显，向面粉里加鸡蛋并不能与用个人独家调料"从头至尾"烘烤蛋糕相提并论。不过，加入鸡蛋的动作让整个烘烤过程增加了成就感，而如果仅仅是把水倒进面粉里，就太微不足道、太流于形式了。邦妮·戈伯特和赫玛·罗森泰尔总结道："真正的问题与产品的内在价值无关，而在于重新建立起产品与顾客的情感纽带。"是的，重要的是情感、自豪和成就感，甚至用蛋糕粉做蛋糕时亦如此。

产品的个性

就像我们所看到的那样，产品是有个性的，公司和品牌亦如此。以本章开始我们所讨论的视频游戏机的发展为例。一方面，游戏机应当快速而强劲地让人兴奋，通过震耳欲聋的音效、快节奏的冒险带来本能的体验。另外一方面，它应当是烹调好帮手，能够提供生动而丰富的食物菜单和视频，教你如何做菜。还有一些视频，能够冷静而权威地指导修车或做木工。

在每一种版本里，产品的个性都在变化，产品会随着使用者和目标客户的不同而有不同的外观和表现。另外，行为的互动方式各有不同：俚语和俗语充斥在游戏背景里；而在厨房里则是文雅和正式的语言。但是，像人的个性一样，一旦被建立了，设计的所有要素都必须支持这一既定的个性架构。[一个稳重的烹饪老师不会突然出现猥亵的言行；在维修过程中，一个店员也不会引用皮尔西格（R. M. Pirsig）所著的《禅与摩托车维修技术》（*Zen and the Art of Motocycle Maintenance*）[13]来大谈汽车设计的品质哲学。]

当然，个性本身就是复杂的话题。产品的个性可以简单地理解为对产品外观、功能、市场和广告定位等的反映。因而，所有设计的三个层次都扮演了同一个角色。产品的个性必须符合市场定位，而且必须保持一致性。想想看，如果一个人或一件商品拥有令人讨厌的特性，那么至少你会料想到出现什么状况，你可以做出计划。而如果行为前后不一并且缺乏规律的话，那就难以预料了，偶尔出现的正面惊喜也不能克服因为无法预料后果所带来的失望和愤怒。

产品，公司和品牌的个性同产品本身一样应该受到重视。

图2.3

17 世纪的时尚

左边是巴伐利亚的玛利亚·安娜（Maria Anna），她是法国皇太子妃；右边是一名年轻优雅的男子。[布劳恩（Braun）等人，图片提供：西北大学图书馆]

《经典美语辞典》[14] 是这样定义流行（fashion）、风格（style）、时尚（mode）和风尚（vogue）的："这些名词是指某段时间里，在服装、饰品、行为或生活方式上所盛行或偏好的方式。'流行'是含义最广的用语，通常指与上流社会或任何文化与次文化习俗相一致，如长发曾经就是一种流行。'风格'有时与'流行'交替使用，但同'时尚'一样强调对优雅标准的坚持。如旅行曾经风靡一时，20 世纪 60 年代末的迷你裙也曾是时尚的标志；'风尚'一词被广泛用于盛行的流行，常常暗指热情但短暂的流行，如数年前某种电脑游戏的风行一时。"

流行、风格、时尚和风尚的存在反映了反思层次设计的脆弱。今天喜欢的东西明天未必再流行。改变的原因甚至是因为曾经喜欢过，当太多人喜欢某个东西时，社会精英们未必会再沉迷于此。毕竟，请想一想，他们之所以成为社会精英正在于他们的与众不同，他今天做的事是其他人明天才能做的事，而他明天做的事是其他人后天才能做的。他们小心观察什么是流行以便不去追随，然后小心地创造自己反流行的流行。

如果大众口味几乎与实质内容无关，那么设计师如何满足大众口味呢？这取决于产品的本质和生产厂家的目的。如果产品用于主要满足幸福生活的需要，那么就不用理会变来变去的大众口味而关注其长久的价值。是的，产品必须吸引顾客，让人感到愉快有趣，但同时还要功能有效，易于理解，以及定价合适。换句话说，它必须在设计的三个层次之间努力保持平衡。

从长期来看，具有良好品质和有效性能的简单款式依然会成功。所以生产办公设备或者家电产品的厂家，或是设计运输、交易和资讯类的网站，应当聪明地牢牢抓住产品的核心。在这些例子中，任务决定了设计的方向：设计紧扣任务，产品就能运作得更顺畅，而且在广大的用户和广泛的用途中，会更有效。这正是特定任务的性质和经济状况，决定了市场上许多形形色色的产品。

然而，有一系列产品的目的是用来娱乐或追寻时尚、个人形象的。这时，流行的要素就会大行其道。人们彼此之间开始出现很大的个体差异，同时，文化性也很重要。在这里，顾客与市场支配着设计，使设计要适合于市场细分的目标顾客，因此，多样的设计系列或许可以满足不同的市场需求。另外，还需要根据市场变化改变设计风格和外观。

为转瞬即逝的流行而设计非常棘手。一些设计师或许认为它是一场艰巨的挑战，另外也有人认为这是机会。有时候，正是这种分歧造成了小公司与大公司、市场领先者与竞争者的区别。对市场领先者而言，大众流行的不断变化，以及同一产品在全球有各式各样的偏好，是一个巨大的挑战。一个公司如何跟上潮流？它如何紧盯并预测潮流？它如何有效维护如此多的产品线？这些统统都是挑战。然而，对于竞争者来说，这一切问题都是商机。小公司运作灵巧、行动迅速，并且使用了许多追求稳妥的大公司所不愿尝试的方式。小公司离经叛道，与众不同，并且具有试验精神。它们开发大众趣味，即使产品一开始只有很少的顾客。大公司也试图分出更小更灵活的子公司来参与尝试，有时候这些子公司使用特别的名称，以显示其与母公司毫不相干。总而言之，这是一个不断变化、硝烟弥漫的消费市场，流行同内容一样重要。

在产品世界里，品牌是身份的辨识符号和象征，体现其所代表的公司和产品。特定的品牌常常从感情上吸引或排斥消费者。品牌是情感的表现，它赋予产品以感情色彩，进而让消费者靠近或是让消费者远离。瑟尔兹奥·施曼（Sergio Zyman），可口可乐前市场总监说："情感品牌营销就是要建立与消费者的情感联系[15]，赋予品牌和产品长久的生命价值。"不仅如此，品牌还包括产品对于个人的全部关系。施曼还讲道："情感品牌营销立足于一种独特的信任关系，这是和顾客一起建立起来的[16]。它将基于需求的购买行为提升到基于欲求的购买。消费者对于某个产品或机构的忠诚，因为收到自己心爱品牌的精美礼物而得意，或是在有人认识我们的新环境里进行快乐购物的体验，或一杯突然而至的咖啡的惊喜——以上这些情感就是情感品牌营销（emotional branding）的核心。"

　　有些品牌仅仅提供信息，基本上只是为公司或其产品命名。但总的来说，品牌名称是一个象征性的符号，表现了一个人对某个商品或其生产公司的全部体验。有些品牌代表了高品质和昂贵的价格，有些品牌表现出以服务顾客为中心，有些品牌体现了金钱的价值，还有些品牌是"山寨版"的代名词，要么服务差劲，要么使用不便。当然，很多品牌是无意义的，根本不能引起情感的共鸣。

　　品牌全都和情感有关，而情感又跟判断相关。品牌是我们情感的重要表象，这就是为什么它们在商业世界如此重要的原因。

　　本书第一部分可以总结如下：这一部分讲述了情感设计的基本要素。那些有吸引力的产品确实很好使用——它们的吸引力激起了积极正面的情感，使得心理过程更富有创造性，更能容忍轻微的困难。心理反应的三个层次分别对应了三种设计方式：本能的、行为的和反思的。每一个层次在人的行为模式里都扮演了关键角色，而每一层次在产品的设计、营销和使用过程中都同样重要。接下来，我们会探讨这一理论如何指导我们的设计。

注解：

　　1. "仅在美国就有两万多种"：2001 年美国杂志发行商的出版数量。http：//www. magazine.org/consumer_ marketing/index.html。

　　2. "庸俗品"：哥伦比亚电子百科全书，版权 1999，哥伦比亚大学出版社。哥伦比亚大学出版社特许，版权所有。www.cc.columbia.edu/cu/cup/。

　　3.《物品的意义》：塞克斯哈里和罗奇伯格－霍尔顿，1981。

　　4. "这是我和我丈夫一起买的最早的两把椅子"：塞克斯哈里和罗奇伯格－霍尔顿，1981，第 60 页。

　　5. "家用物品"：塞克斯哈里和罗奇伯格－霍尔顿，1981，第 187 页。

　　6. "我在旧金山国际机场观看正在展出的一个展览"：旧金山机场博物馆，http：//www.sfoarts.org/。

7. "建筑纪念品的奇妙之处"：摘自展会上的文字，斯穆克勒，2002。

8. "每张照片背后都有一个故事"：考英，2002。

9. "弗罗利希这样描述了这一可能性"：考英，2002。

10. "如果把亚洲人放在个人主义的情境下"：北川，2002。

11. "希斯器材公司"：已经不再生产元器件套材，不过它仍然制作电子学习资料。请进入以下网页了解它的历史：http：//www.heathkit-museum.com/history.shtml。

12. "市场研究人员邦妮·戈伯特和赫玛·罗森泰尔指出"：戈伯特和罗森泰尔，2001。引文出自第一章：倾听101，小组讨论的意义。

13. "皮尔西格所著的《禅与摩托车维修技术》"：皮尔西格，1974。

14. 《经典美语辞典》是这样定义流行……"：美国传统英语字典，第四版，2002。版权归霍顿·米夫林公司所有。

15. "情感品牌营销就是要建立与消费者的情感联系"：瑟尔兹奥·施曼，可口可乐的前市场总监，摘自《情感化品牌》序言（科比，2001）。

16. "情感品牌营销立足于一种独特的信任关系，这是和顾客一起建立起来的"：科比，2001，出自序言部分。

第二部分

实用的设计

第三章

设计的三个层次：本能、行为、反思

图3.1

瓶装水左边和右边的瓶子是在本能层次上取悦消费者；嗯，中间的瓶子是最经济的，它不贵而且实用。左边的瓶子是装沛绿雅（Perrier）矿泉水的，它非常出名，绿色瓶子的形状已经成为它的标志。右边的瓶子是由TyNant生产的，瓶子非常可爱，再配上它的深蓝色，使人们都会把空瓶留下来当作花瓶。透明的塑料瓶是由水晶高山泉水（Crystal Geyser）生产的：当你需要随身携带饮用水时，它显得简单、实用、经济。（作者藏品）

　　记得有一次我在考虑要不要买爱宝琳娜（Apollinaris）[1] 这种德国矿泉水，仅仅因为我觉得将它放在我的架子上会很好看。结果发现那真是一种非常好的水。不过，就算它没有那么好，我还是会买。

　　绿色的瓶身、棕色和红色的标签搭配起来很好看，品牌所使用的字体让这么多相同产品变成像厨房内的装饰品一样。

　　　　　　　　——雨果·巴兰格尔（Hugues Balanger）电子邮件，2002 年

　　正值午饭时间，我和朋友在芝加哥闹市区，我们想去索菲特大酒店（Sofitel Hotel）的建筑师咖啡厅（Café des Architectes）坐坐。当我们来到吧台，映入眼帘的是很漂亮的展示，瓶装水组成了一面墙，这种你能在食品超市买到的东西，被陈列为艺术品了。

　　整个吧台后面的墙面就像一个艺术馆：磨砂玻璃巧妙地从后面打出灯光来，从地面延伸到天花板。玻璃墙前面的架子上，每一层都放置了不同牌子的瓶装水。蓝色、绿色、琥珀色都是非常美丽的色彩，由玻璃墙面反射出雅致柔和的光线，将这些色彩恰到好处地展现出来。瓶装水成了艺术品。我决心研究这种现象，包装如何使水瓶变成一种艺术形式？

　　"走进任何一家美国、加拿大、欧洲或亚洲的食品超市[2]，你能看到各种品牌的瓶装水扑面而来。"这是我考虑要放在一家网站上的议题。另一个网站则强调情感："包装的设计者和品牌经理[3] 在探寻让设计超越平面元素，或者说让整体设计来塑造消费者与品牌之间的情感联系。"在世界上大多数城市，尽管自来水已经很卫生了，但销售高端瓶装水仍有很大的市场。装瓶销售的饮用水甚至比汽油还昂贵。实际上，花费也成了吸引力的一部分，正如心理的反思层次所描述的那样，"如果它价值不菲，那么它一定很特别"。

　　有一些瓶子很不一样，极具美感且色彩缤纷。人们会留着空瓶，有时还用来装水，这证实了产品的成功依靠其包装，而非其内容。因此，就像

红酒瓶和水瓶被用来当作房间装饰物，这已远远超过它们原来的用途。另一个网站说："几乎每个喜欢 TyNant 矿泉水的人[4]，都会在家里或办公室保留一两个空瓶用来装饰，当作花瓶或收藏。摄影师也非常满意该水瓶的上镜效果。"（图 3.1 中，插着花的瓶子就是 TyNant。）

如何使一种品牌的水与众不同？答案就是包装。对瓶装水而言，有特色的包装指的是瓶子的设计。不论是玻璃的或塑料的，还是其他材料，它的设计成就了这个产品。正是这个瓶身引出了强烈的本能层次的情绪，引起了直接的本能反应："哇，是的，我喜欢它，我想要它。"一位设计师曾对我解释"哇"的这个因素。

在这个例子里，反思层次的情感因素也介入其中了。珍藏的瓶子能让人回想起订购或消费这些饮料的情景。因为只有在特殊场合才会购买红酒或昂贵的瓶装水，于是这些瓶子就成了这个特别时刻的回忆物，承载着特殊的情感价值，成为有意义的物品。意义并不来自瓶子本身，而是它们所勾起的回忆。在第二章里我特意指出，回忆能够触发强烈的、持久的情感。

当纯粹只关注外观美时，设计的要素又扮演什么角色呢？这里主要依靠遗传和神经结构的生物过程。这里的设计很容易变成"视觉糖果"，因为视觉的感受就像嘴里品尝到糖果的味道一样。然而，就像甜美的糖果没有营养价值一样，漂亮的外观掩饰了表面之下的空洞。

人们对世界上日常事物的反应非常复杂，它取决于各种不同的因素。有些因素与消费者无关，而是由设计者和生产者掌控，或者被像广告和品牌形象那样的东西影响。有些是内在因素，来自消费者自己的个人经历。设计的三个层次——本能的、行为的和反思的——在你的体验里各自扮演着自己的角色，每一层次都像其他层次一样重要，但对于设计师来说，每一层次都有不同的途径去实现。

本能层次设计

本能层次设计是自然的法则。我们人类的演化，是处在一个和其他类人猿、动物、植物、地貌、天气及其他各种自然现象共存的环境。进化的结果让我们对来自外界环境的强烈情感信号非常敏感，这自然形成了本能层次的反应。这也是我在第一章所列的那些特征的根源。

因此，经过自然进化的选择和强化，雄鸟身上长出色彩绚烂的羽翼以便最大程度地吸引雌鸟；接着，雌鸟再依偏好选择其中羽毛更好的雄鸟。这是一个不断反复并相互适应的过程，经历很多代的进化后，每一种动物都已适应彼此。同样的过程也发生在其他物种的雄性和雌性之间，还有在跨物种的共同演化的生活形式之间，甚至在动物和植物之间。

在植物和动物共同演化的例子里，果实和花是非常典型的。自然的进化过程让植物开出诱人的花朵，以吸引鸟类和蜜蜂更好地传播花粉。植物的果实也是如此，需要吸引灵长类和其他动物吃掉它们，以便传播种子。果实和花朵大都形状对称，外表圆滑，色彩绚丽，触感可亲。花朵有芬芳的气味，而很多果实味道甜美，这样能更好地吸引人类和动物吃掉它们以便传播种子（不管是通过唾液或排便）。在这种设计的共同演化中，植物改变自身是为了吸引动物，而动物也进化得被植物和果实所吸引。人类喜欢甜美的味道和气味，喜欢高度饱和的色彩，这大概来源于人和植物之间的共生和相互演化。

人类喜欢匀称的脸形和体形，大概反应出了什么是最合适的选择；非对称的体形或许来源于遗传或生殖细胞孕育成熟过程中的某些缺陷。人类经过这些考量而选择形状、颜色、外观以及生理上觉得有吸引力的东西。当然，文化在其中也扮演了关键角色，例如，有些文化以胖为美，而另一些则喜好苗条的身材；但即使在这些文化里，对于某些东西是否具有吸引力的看法，还是会有相同之处，即使过胖或过瘦是某一类人的特别喜好。

如果我们认为某个东西"漂亮"，这个判断来自本能层次。在设计的世界里，"漂亮"通常会被指责为狭隘、低俗、缺乏深度和内涵——但这是设计师的反思层次在说话（试图明显地去克服直觉的本能吸引）。因为设计者想让同行认为自己有想象力、有创意和内涵，如果设计出的东西仅仅"漂亮""酷"或"有趣"，他们是不能接受的。但这些东西在我们的生活中还是有一席之地，尽管它们可能很简单。

在广告、民间艺术和手工艺品、儿童玩具里，你会发现本能层次的设计。因此，儿童的玩具、衣物和家具经常能体现出本能设计的原则：明亮的、鲜艳的色彩。这是伟大的艺术吗？不是，但它们令人愉快。

成人更喜欢探索那些远远超过本能的、与生俱来的生物性偏好之外的事物。因而，尽管本能的反应不喜欢苦味（或许因为许多有毒的东西都是苦的），成人还是尝试去吃喝很苦的东西，甚至喜欢它们。这就是所谓的"后天习得的口味"，之所以如此说是因为人们必须尝试着去克服不喜欢这些东西的倾向。同样，对于那些拥挤不堪的、忙碌的空间，或嘈杂、不和谐、不悦耳甚至带有不规律节奏的音乐，所有这些东西在本能层次上都是负面的，但在反思层次上却可以是正面的。

本能层次设计的原则是先天的，不分种族和文化。如果你遵循这些原则，即使是非常简单的东西，也会做出很有吸引力的设计。如果你是为了精于世故、为了反思层次而设计，那么你的设计就容易过时，因为这个层次对不同的文化非常敏感，容易趋附潮流，会经常不断地变化。今天的精致很可能会在明天被舍弃的风险。伟大的设计，就像伟大的艺术和文学，能够打破规矩，跨越时空而永存，但只有很少的设计能获此殊荣。

在本能层次，注视、感受和声音等生理特征起主导作用。因而，厨师会用心呈现食物的外观，巧妙地将食物摆放在盘子上。在这里，优美的构图、干净的外表和美感都是重要的因素。在设计汽车车门中，在使其能牢固锁上时，还应该让关车门的声音听起来悦耳。哈雷摩托车的排气管能够发出强有力的隆隆声，十分独特。让车身圆滑、性感又迷人，就像图3.2所示的1961年捷豹（Jaguar）经典款敞篷车。是的，我们都喜欢圆熟的曲线、光滑的表面和坚固结实的东西。

本能设计和第一反应有关，这并不难研究，只需直接把一个设计放在人们面前，然后等待他们的反应。本能层次设计的最好的情况是，当人们第一眼看到设计，就禁不住叫道："我想要。"或许他们接下来会问："它做什么用？"最后才问："它值多少钱？"这就是本能层次的设计者所要追求的效果，而它也真的有用。很多传统的市场调查都关注于这一层面的设计。

苹果电脑公司就发现，当色彩缤纷的iMac电脑上市时，销售量立即上涨，尽管那些梦幻般华丽的机箱里预装的是和苹果别的款式的电脑一样的硬件和软件，而那些电脑销售得并不怎么好。同样地，汽车设计师期望外观设计能让公司起死回生。1973年，大众汽车公司推出经典车型"甲壳虫"，奥迪公司也研发出了TT车型，而克莱斯勒则上市了PT巡洋舰，这三个公司的产品销售量都直线攀升。

具备视觉和平面艺术家以及工艺工程师的技能，才能进行有效的本能层次设计。形状和造型、生理的触觉和材料的肌理、重量等，都对本能层次设计的直接情感反映有影响。本能设计应当让人感觉良好，看起来也不错。这时，欲望和性别也关乎其中，在店铺、海报、广告以及其他强化外观表现效果的"存在点"（point of presence）中，它们也扮演了关键角色。对于许多仅靠外观来促进销售的产品而言，这些要素也许是店铺争取顾客的唯一方法。同样地，如果高价位的产品不符合顾客的审美观，也许会降低售价。

图3.2

图3.3

1961 年捷豹 E 系列：让人在本能上感到兴奋
这辆车是代表本能层次设计力量的经典例子：豪华、优雅、令人兴奋。这辆车成为纽约现代艺术博物馆的设计收藏品，
也是意料之中的事情。（图片提供：福特汽车）

行为层次设计的感官要素
行为层次设计强调物品的用途，在这个例子中，对淋浴的感官感受往往是优秀行为层次设计中被遗漏的一个关键因素。
科勒卫浴设备（Kohler WaterHaven）。（图片提供：科勒公司）

行为层次设计

行为层次设计和使用有关，这时，外观和原理就不那么重要了，唯一重要的是功能的实现。这是那些注重使用性的实践主义者所抱持的设计观点。

优秀的行为层次设计原则广为人知且不断被重复，我已经在自己的上一本书《设计心理学2》中将其列出来了[5]。优秀的行为层次设计有四个要素，即功能、易理解性、易用性和感受。有时，感受是产生产品内涵的主要原理。让我们来回顾图3.3中的淋浴头，想象一下感受到的愉悦——那种水淋到全身的感觉相当真实。

在很多的行为层次设计中，优先考虑的是功能，它也是最重要的；不论是什么产品，都要弄明白它的功能是什么。如果这个功能不能吸引人，那么谁会在意它有多棒？即使产品的唯一功能就是看起来不错，它也得达到这个功能。一些精心设计的功能因与预期目标不符，最后不得不宣告失败。如果土豆削皮机不能削土豆皮，或者手表不能精确报时，那么还有什么更重要的呢？所以，一个产品首先必须通过行为测试，验证其是否符合预期使用目的。

从表面上看来，在产品必须满足的诸多标准里，设计功能完善似乎是最容易达到的，但实际上却是棘手的。人们隐含的需求不像想象的那样明显。如果已经有一个现成产品，就可以通过观察人们的使用来了解需要进行哪些改进。但如果从来没有类似的产品呢？你怎样去发现那些其他人也不知道的需求呢？这就是新产品必须突破的地方。

有意思的是，即使对现有产品，设计师也很少观察他们的客户如何使用产品。我曾经拜访过一家重要的软件设计公司，同他们的研发团队讨论大家正广泛使用的一款软件。这款软件有很多功能，但还是不能满足我每天的日常需要。我准备了一份长长的问题清单，都是在日常的工作中碰到的。此外，我还调查了对这款软件不满意的其他用户。让我大为惊讶的是，当我告诉软件研发者这些问题时，他们像是在听天书。"太有趣了。"他们一边说着，一边记下大量的笔记。很高兴他们注意到我的问题，但这些看来最基本的要点他们好像头一次听说。难道他们从来没有观察过客户如何使用自己的产品吗？这些研发者——就像所有公司许许多多的设计师一样，埋头于思考着新点子，然后测试着一个又一个的新概念。结果是，他们不断为产品添加新的功能，但从来没有研究过客户对其产品的使用习惯、行为模式和产品使用时可能需要的协助。独立的功能不能有效支持产品的任务和行为，需要花精力在一系列的操作上，才能达到最终目的——也就是真正的需求。良好的行为层次设计的第一步，就是了解顾客如何使用产品。这个软件研发团队连最基本的观察都没有做到。

产品研发有两种模式：改进和创新。改进意味着让现有产品或服务更好；创新则提供了做事情完全不同的新思路，或做以前没有人做过的事情。就这两种模式而言，改进要容易得多。

究竟什么是创新，很难定义。在发明打字机、个人电脑、复印机、手机之前，我们何曾想到我们需要它们？没有。很难想象今天的生活里没有它们会如何，但在它们被创造出来之前，除了发明家，谁也想象不到这些发明的确切目的，甚至可能连发明者本身也会犯错。爱迪生曾认为留声机会使纸面书写消失，因为商务人士可以口述他们的想法，然后把录音邮寄出去。个人电脑曾经被一些厂家完全误解，以致当时许多主要的电脑制造商不重视个人电脑，一些曾经的大公司都不存在了。电话也一度被认为仅供商务使用，在电话发明的早期，一些电话公司还劝说客户不要用电话来闲谈。

我们不能靠询问潜在顾客的意见来评价一项创新的好坏，因为这要求人们去想象他们从没有体验过的事情。众所周知，根据以往经验，他们的回答往往不靠谱。顾客说真的喜欢某些产品，但结果在市场上失败了。同样地，一些不被看好的产品，最后却在市场上获得巨大的成功。手机就是这样一个典型例子。最初手机只是被认为限定于在小部分的商务人士中使用，很少有人能想到它可以用于个人生活中。实际上，当一些人第一次购买手机时，他们经常解释说除非紧急情况，否则自己不打算使用手机。在产品投放市场前，预测一个新产品的客户群几乎是不可能的，尽管事后看起来这似乎很明显。

首先观察顾客如何使用现有产品，发现其中的问题，然后再加以改善，这就是产品改进的一般方式。然而，即使这样做，判断顾客真正的需求比那些显而易见的需求要难得多。人们发现要清楚表达他们的真正需求不是一件容易的事。即使他们知道问题在哪儿，也经常不会认为这是一个设计问题。你有没有曾经为一把钥匙烦恼，不知道是否在钥匙孔里插反了？或者把钥匙锁在车里？或者锁好车后才发现车窗没关，于是不得不侧身挤进去开门再关窗？在这些例子中，你有没有认为它们是设计缺陷？也许没有，也许你只是在责备自己不够小心。好了，这些问题其实都可以通过优化设计来避免。为什么不能设计一把对称的钥匙，这样无论如何也不会插反了？为什么不设计出必须用钥匙才能锁门的车，这样能避免把钥匙锁在车里？为什么不能从车外关上车窗？通过设计师睿智的观察并加以改进，以上这些设计现在都有了。

你有没有曾把电池装反？为什么会发生这样的事情？难道不能把电池设计成只能一个方向滑进电池槽，如果放错了就不能被插进去了？我猜想电池制造商根本就不在乎，而采购电池的产品制造商也从来没有想过将事情做得更好。标准的圆柱状电池就是一个差劲的行为层次设计的典型，它的设计师没有考虑到这种设计所带来的问题。对于不同的设备，人们不得不经常考虑朝哪个方向放电池才是正确的。此外，在设备表面还标示出警告，指出如果电池被放错方向，可能会损毁设备。

再来看看汽车设计。诚然，人们很容易关注储物箱的大小或座位能否调节，但是，人们习惯在驾车时喝咖啡和苏打水，所以诸如搁置饮料的杯架等明显的细节是否被仔细考虑过呢？杯架在如今的汽车里已经成了显而易见的必需品，但在过去的汽车设计里并非如此。发明汽车已经大约一个世纪了，但直到最近，杯架才被视为汽车内饰的一部分，而且这个发明不是来自汽车制造商，相反，他们拒绝设置杯架。实际上，是一些小制造商意识到这一需求，从而为他们自己的车设置了杯架，接着发现其他人也有这种需要。之后，各种各样的汽车附件才被生产出来。它们并不太贵，而且很容易安装在车里，譬如可以粘贴的托架、磁力托架以及小布袋托架等。它们中的一些可以粘在车窗上，或放置在仪表盘上，还有的可以放在座位之间的空隙里。因为这些东西越来越流行，汽车制造商才逐渐将其作为汽车的标准配置。现在有了一大堆巧妙的杯架，有些人声称他们只是为了某款车的杯架才买车的。这有什么不可以呢？如果买车只是用来每天通勤和在市区转转，便利和舒适就是司机和乘客最重要的需求。

尽管对杯架的需求如此显而易见，德国的汽车制造商依然排斥它们，他们的解释是，汽车是用来驾驶的，而不是用来坐下喝东西的。（我猜想这种态度体现了德国过时的汽车设计文化。他们宣称设计师懂得最多，而觉得没必要去研究人们是怎么去开车的。但如果汽车只是用来驾驶，那么为什么德国人还要提供烟灰缸、点烟器和收音机？）德国人一直等到美国市场因为其车内没有杯架而导致汽车销量减少时，才开始重新考虑这个问题。工程师和设计师相信自己不用去观察人们如何使用自己的产品，这是导致诸多不良设计的主要原因。

我在 HLB（Herbst LaZar Bell，国际产品设计咨询公司）工业设计公司工作的朋友告诉我，有一家公司给了他们一份很长的需求列表，要他们据此重新设计他们的地板清洁设备。杯架没在列表上，但或许应该有。当设计师午夜探访清洁工如何清洁商业大楼的地板时，他们发现工人们在操作笨重的清洁机和打蜡机的时候，想喝咖啡都很难。结果，设计师增加了杯架。新设计在产品外观和行为上有很大的改善，本能的和行为的设计，已经在市场上取得了成功。杯架对于新设计的成功有多重要呢？或许不多，但恰恰是重视顾客真正需求才能体现出产品的高品质。也许正如 HLB 强调的，产品设计的真正挑战在于"最终了解用户那些未被满足和未明述的需求[6]"。

　　要如何去发现"未明述的需求"呢？当然不是通过询问，不是通过调查重点人群，也不是通过调查问卷。谁会想到要提出在车里、梯子上或者清洁机上设置杯架呢？毕竟，就像开车一样，杯架似乎也不是一个在打扫时的必要需求。只有当这样的改进实现之后，大家才相信这种改进需求是显而易见并且是必需的。因为大部分人意识不到自己的真正需求，因此需要在自然的环境里认真观察从而发现他们的需求。经过训练的观察者常常可以指出连体验者本人都没有意识到的困难和解决方法。但是当问题被指出之后，便很容易知道已抓到重点。实际使用这些产品的人的反应常常就是："哦，是的，你说得对，真的太痛苦了。你可以解决吗？那太好了。"

　　在功能之后是理解。如果你不理解一个产品，你就使用不了它——至少不能很好地用。哦，当然，你可以把基本操作步骤记住，但是你可能要反反复复地去记。如果很好地明白了一项操作，你就会说："啊，对，我明白了。"此后你便不需要更多解释及提醒了。"只学一次，永不忘怀"，应该被奉为设计的箴言。

　　若缺乏理解，在事情出问题的时候，人们将不知该如何是好——然而事情常常都会出问题。好的理解的秘诀就是建立一个正确的概念模型。我在《设计心理学》（*The Design of Everyday Things*）中，曾指出任何事物都有三个心理意象。第一个是设计师的意象——可以称之为"设计师模型"。第二个是使用这件物品的使用者对于此物的意象，以及操作这件物品时给使用者的意象，可称之为"使用者模型"。在理想的环境里，设计者模型与使用者模型是一样的，同时，使用者也因此能理解并很好地使用这件物品。唉，设计师不和使用者沟通，他们只是说明这件产品。人们完全依靠对产品的观察来形成自己的模型——从产品的外观、它如何运作、它提供了什么反馈，或者从可能的一些配套文字资料，例如广告和用户手册（但大多数人都不读用户手册）里。我把这种基于产品和文字资料形成的意象称为"系统意象"。

如图 3.4 所示，设计师只能通过一个产品的系统意象来与最后的使用者沟通。因此，一个好的设计师会确保最终设计的系统意象来传达正确的使用者模型。而能够确保这一点的唯一方法就是进行测试：开发一些初步的产品原型，然后观察人们试用的情况。如何才能被称为好的系统意象呢？几乎所有能令其操作显而易见的设计都能算。我正在用于打字的这个文字处理工具的标尺和边距设定就是很好的例子。而图 3.5 所示的座椅调整控制则是另外一个例子。注意这些控制按钮的排列与它们自身的功能是自动对应的，推起下方的座椅控制，座椅就会升高；向前推凸起的按钮，椅背就会向前移动。这是好的概念设计。

理解的一个重要组成部分来源于反馈：一个设备需要不断给予反馈，这样使用者才知道设备在工作，并且知道使用者的指令、按下按钮或其他请求都已经被接收到了。这种反馈可以简单得如当你踩下刹车板时的感觉，以及车子制动后缓慢停下来，或者是当你推某样东西你会看到灯闪了一下或听到声音响了一下。然而，你会惊讶于还有很多产品依然不能给予足够的反馈。现在大多数电脑系统如果运行缓慢时都会显示一个时钟或者一个沙漏的指针，表示其仍在响应。如果耽搁的时间很短，那么这个显示就有用；但如果耽搁的时间很长，它就太不实用了。为了有效率，反馈必须对概念模型有所改善，能够精准地表示正发生什么、仍需做什么。当缺乏理解时，会引发负面情绪，这时人们会感觉沮丧和失控——首先是不愉快，然后是恼火，再接着，如果失控和不能理解时，甚至会生气。

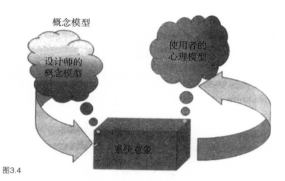

图3.4

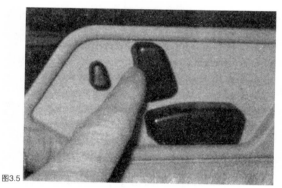

图3.5

设计师模型、系统意象和使用者模型要成功地使用一种产品，人们必须具备与设计师（设计师模型）一致的心理模型（使用者模型）。但是，设计师只能通过产品本身与使用者对话，因此，整个沟通过程必须通过"系统意象"进行：由实际产品本身来传达系统意象的信息。

座椅控制按钮——良好的系统意象
这些座椅的控制按钮说明了自身：概念模型由控制按钮的配置提供，按钮的配置看起来就像操作产品的方式。想调整座椅吗？相应地推、拉、抬起、下压，座椅对应的部位就会相应地移动。（奔驰汽车座椅控制按钮，摄影：本书作者）

使用性是一个复杂的议题。一款被需要、具有理解性的产品，未必就是能使用的产品。因此，吉他和小提琴虽然可以将工作做得很好（即创造音乐），也很容易被理解，但是它们依然很难使用。钢琴亦是如此，它是一种看起来让人误以为简单的乐器。乐器需要经过多年的专注练习才能使用得好，这样一来，非专业人士演奏时犯错误和演奏不佳也就不足为怪了。乐器的相对不可用性能被接受的一部分原因在于，我们没有其他可替代的东西，而另一部分原因则在于演奏的结果是多么可贵。

但你在日常生活中使用的大部分东西，都不需要花上很多年的专注练习。每周都有新的产品出现，但谁会有精力去花那么多时间学习每种产品的使用？不良的设计会经常导致意外出现，不仅可造成经济损失，甚至可导致伤亡，但是这些问题的发生常常被归咎于使用者而不是设计者的错误。这样的缺陷是不可被原谅的，因为我们知道了如何去制造可工作、可理解、可使用的东西。除此之外，日常用品需要被各种各样的人使用：矮的高的、壮的瘦的、说或读不同语言的，可能是失聪或失明的，或无行动能力或行动不便的人——或甚至是失去双手的人。年轻人比老年人有更多不同的技能。

使用性是一个产品的关键检验，它在此是孤立的，没有广告或者商业资料的辅助。唯一重要的只在于产品表现得有多好，使用它的人用起来感觉多舒适。一个受挫的使用者会不开心，所以可以在行为层次设计的阶段，应用以人为本的设计原则以求得好的效果。

通用设计，就是面向所有人的设计，这是一项挑战，但是值得努力。确实，通用设计的理论非常有力地论证了这一理念：为残障人士、视听障碍人士或行动不便人士所作的设计，总会令一件东西更适合所有人。

"来，试试这个。"[7] 我在拜访艾迪奥（IDEO）工业设计公司时，他们向我展示了他们的"科技盒"（Tech Box）——一个装着貌似数不清的小盒子与小抽屉的大箱子，兼混装着各种玩具、布料、手把柄、精巧的机械装置和我都说不上名字的物件。我盯着这些盒子看，想搞清楚这些东西是用来做什么的，有什么目的。"转转那个手把。"他们一边跟我说，一边把一个东西塞到我手里。我转了一下，感觉很好：顺滑、柔软。我又试了另一个手把，感觉不太对，有些位置转到那里后好像没有任何变化。为什么它们会不同呢？他们告诉我说是同一种装置，而区别在于前一个加了一种特别的、黏性很强的油。"感觉很重要。"其中一个设计师跟我说。而在"科技盒"里看来还有更多的例子：丝滑的布料、超细纤维织料、有黏性的橡皮、可以揉捏的球——多得让我不能一下都理解消化。

优秀的设计师会在乎他们产品的触感。当你在鉴赏他们的作品时，物理的触感能让你感受到巨大的差异。试想一下平滑光亮的金属或柔软的皮制品所带来的愉悦感觉，或是坚固的机械手把精确地从一个位置转到另一个位置，没有后坐力或死角，没有颤抖或松动。难怪 IDEO 的设计师很喜欢他们的"科技盒"，他们收集的玩具和布料、机械装置和控制装置。许多设计师注重视觉外观，一部分原因就在于它可以从远处欣赏，当然也能在广告、宣传照或者印刷图例中体验。然而，触觉及感觉对于我们对产品的行为性评价也很关键。请回想一下图 3.3 中的沐浴设备。

物体有重量、材质和外表，对此设计的用语是"可触性"（tangibility）。很多高科技产物都从实体的操控装置和产品移植到电脑屏幕上了，可以通过触屏或移动鼠标来操作。所有操作一个实际产品的乐趣，连同它的控制感，都没有了。然而实体的感受很重要，毕竟我们都还是有生命的，有实在的身体和手脚。我们大脑的很大一部分都被感官系统占去，不断地探知周围环境并与其互动。最好的产品能够充分利用这种互动。想象一下烹饪时，感觉一下一把平稳、优质的刀带来的舒适感，听听它切到砧板上的声音或者是把食材放进锅里的嘶嘶声，以及闻闻刚切的食物散发出的气味。或者想象一下园艺工作，感受植物的柔韧和泥土的砂砾。又或者像在打网球时，听球撞击在球拍的回弹声，并感受球握在手中的感觉。这些包含了触觉、震动、感觉、嗅觉、声音和视觉。接着来想象一下如果在电脑上做这些事情，你所看到的可能很逼真，但是没了感觉，没了嗅觉，没了震动，也没了声音。

软件世界之所以被称赞，是由于它的功能强大，而且具有如变色龙般的能力可以把自己变身成为任何所需功能。电脑提供了抽象的动作，电脑专家把这些环境称为"虚拟世界"，虽然它们有很多好处，但却消除了真实互动的一个最大乐趣之一：触摸、感觉和移动真实物体所带来的乐趣。

软件的虚拟世界是认知的世界：它的想法和概念并不通过实际物质来呈现。实际的物体涉及情感世界，即你可以体验到各种东西，不管是某些东西表面带来的舒适感，还是其他东西带来的刺激的不适感。虽然软件和电脑俨然已成为日常生活不可或缺的东西，但是过多倚赖电脑屏幕上的那些抽象东西，会剥夺了情感上的愉悦感。幸运的是，很多以电脑为基础的产品设计师已经在恢复真实可触碰的世界里自然情感的愉悦。使用实体控制器的风潮再度回归：调整按钮、音量旋钮、转向或开关的操作杆。太棒了！

构思不佳的行为层次设计可能会带来极大的挫折，导致产品变得性能不稳，不听指挥，无法提供行为的足够反馈，并且变得无法理解，最终把想使用它们的人搞到怕得不行。难怪这种挫折感会爆发为愤怒，让使用者开始踢打、尖叫、咒骂。更糟糕的是，这种挫折感不可理喻，错不在使用者，而在于设计本身。

为什么有这么多失败的设计？主要是因为设计师和工程师经常以自我为中心。工程师们倾向重视技术，把他们自己喜欢的各种特色都放进一个产品里。许多设计师也一样失败，因为他们喜欢用很复杂的图像、隐喻和符号，这些东西能让他们在设计比赛上拿奖，但是却会制造出使用者根本用不了的产品。一些网站也同样失败，因为开发员要么是专注于把图像和声音技术弄得很复杂，要么就是确保公司的每个部门都得到管理层的认可。

在这些例子中，没有任何一个考虑到你我这些可怜的使用者——就像你我这样使用产品或网站来满足某些需求的人。当你需要完成一项任务或者搜索一些信息时，你不知道也不想知道所搜索信息的网站的组织架构图。你可能一时喜欢那些 flash 图像或者声音，但是当这些灵巧但却复杂的设计妨碍你做事时，你就不会再喜欢它们了。

好的行为层次设计应该以人为本，专注于了解和满足真正使用产品的人。正如我曾所说过的，发现这些需求的最佳方法就是通过观察，在产品被自然地使用过程中，而不是在被人专断地要求"给我们看看你怎么用某某东西"的时候。但是这样的观察却非常少见。你可能会以为制造商都会去观察人们使用他们的产品，以便今后作出改进，但实际上并没有，他们忙于设计以迎合设计竞赛的要求，而没空去管他们的产品是否真的有效和好用。

工程师和设计师解释说，身为人类，他们当然了解人。但是这个辩解是有漏洞的。工程师和设计师懂得太多但也懂得太少。他们知道太多的技术，却对别人如何生活与从事活动知道得太少。此外，任何一个涉及产品设计的人都会很熟悉技术细节、设计难题和设计要点，以至于他们反而无法以一个毫不相干的人的视角去观察产品。

聚焦产品对应的人群、进行问卷调查，都是了解行为的拙劣工具，因为它们与实际使用是脱节的。大多数的行为都是潜意识的，而且人们实际做的事与他们自以为在做的事，往往有很大出入。我们作为人类，喜欢自以为知道为什么会这么做，但我们其实并不知道，无论我们多么喜欢去解释自身的行为。本能和行为的反应都是潜意识的，这就让我们意识不到自己的真实反应及其原因。这便是为什么经过训练的专业人士能够在观察真实情景下的实际使用时，常常比行为人更能够看出自身的好恶及其原因。

对于这些问题，一个有趣的例外是当设计师与工程师在制造一些他们自己日常生活中常常会用到的物品时，这些产品通常会取得好的成果。因此，从行为层次的角度来看，当今最好的产品常常出自运动、体育和手工艺这类产业，因为这些产品确实是由那些把行为视为第一要务的人所设计、购买和使用的。去五金店里仔细看看那些园丁、木工和机械工所用的工具，这些经过几个世纪使用改良的工具被最大限度地设计得让人感觉良好，平衡感佳，反馈精准而且性能优良。去户外用品店看看登山者的工具，或者看看那些懂行的徒步者和露营者的帐篷与背囊。或者去饮食业厨具店好好看看，真正的厨师在他们的厨房里用的都是哪些厨具。

我发现一件很有趣的事，那就是把面向消费者销售的电子设备和面向专业人士销售的电子设备两者作比较。尽管专业的设备贵很多，但是它们更简单易用。家用录像机上面有很多指示灯、很多按键和设定，还有用来设定时间和设置定时录影的复杂菜单。而专业的录像机只有一些必要的设置，因此更容易使用，功能也不错。这种区别的出现，一部分是由于设计师自己也会用这些专业产品，所以他们知道什么重要，什么不重要。技术工人自己制造的工具也有这个特点。设计徒步或登山设备的设计师，可能有一天会发现自己的性命都取决于自己进行产品设计的质量和行为。

在惠普公司成立时，主要产品就是电子工程师用的测试设备。"为坐在下一张工作台前的人作设计"是该公司当年的座右铭，而且也很名副其实。工程师发现惠普的产品用起来很顺心，因为这些产品非常适合在设计或测试工作台前的电子工程师的工作要求。但是如今，同样的理念已经行不通了，这些设备常常被缺乏技术背景，甚至没有技术背景的技工和实地工作人员所使用。在当年设计师亦是使用者的年代里起作用的"下一张工作台"的理念，因为受众的改变而不再行得通。

好的行为层次设计必须从一开始就成为设计过程的一个基础部分，产品一旦完成后就不可能再采用该准则了。行为层次设计始于对用户需求的了解，最好是对在家庭、学校、工作场所或者其他产品被使用的地方，通过相关行为进行研究之后获得的了解。设计团队要快速制造出产品原型来让潜在用户试用，这里指的是几个小时（不是几天）就能制作出来并可作测试的产品原型。在这个阶段，即使是简单的草图、纸板、木头或者泡沫制作出来的模型也行。随着设计进程的继续，测试中获得的信息会被整合。很快，这些模型就变得更完整，有时功能已很完整或只有部分可用，有时则可以简单模拟可用设备。当产品完成时，它已经通过彻底的使用检验：最终的测试是必要的，以便找出执行中的小错误。这一反复的设计过程是有效的、以用户为中心的设计的核心。

反思层次设计

反思层次设计涵盖诸多领域，它与信息、文化以及产品的含义和用途息息相关。对于一个人来说，这是关于事物的含义、某件东西激起的私密记忆。对于另一个人来说，这是关于另一种完全不同的东西，与个人形象和产品传达给别人的信息有关。当我们注意到某人的袜子颜色跟他或她的衣服搭配得当，或者这衣服适合所处的场合时，其实你所关注的是反思自己的个人形象。

不管我们是否承认，我们其实都会担心自己展现给别人的形象——或者换句话说，在乎的是我们展现给自己的自我印象。你有时候会不会因为"不太合适"而没有买下某件东西，或者因为自己的喜好而买下某件东西？这些都属于反思型的决定。其实，就算是最不在乎别人怎么看自己的人——随便穿着最简单最舒服的衣服，而且能控制自己不买新的东西，直到完全不能使用时——也都会对自己及自己在乎的事物进行评价。这些都属于反思的过程。

我们现在来看两款手表。第一款是"时间设计"公司的作品（图3.6），通过不同寻常的方式显示时间，带给人一种愉悦感，但需要先被解释才能领会。这块表虽然秀外慧中，但是最吸引人的地方在于它不同寻常

图3.6

图3.7

聪明的反思层次设计

这块腕表的价值源自它精巧的时间显示方式：快看一下，现在的时间是几点？这块"时间设计"公司（Time by Design）的杰作"派"（Pie）显示的时间是 4 点 22 分 37 秒。该公司的目标是发明更多显示时间的新方式，将"艺术和时间的显示融合在既娱乐又有创意的钟表里"。这块腕表显示的不仅是时间，还有佩戴者的品位。（图片提供："时间设计"公司）

纯粹行为层次的设计

这款卡西欧"G-Shock"手表属于纯粹行为层次的设计。经济实用但没有美感，而且以反思层次设计的标准来衡量，它的评价和地位都不高。但是，请看看它的行为层次设计：它有两个时区、一个秒表、一个倒数计时器，还有一个闹钟。价格不贵、容易使用而且准确。（作者藏品）

的显示方式。这块手表的时间是否比传统指针表或者数字表更难读懂？没错，不过它拥有优良的基本概念模型，足以满足我对于良好行为层次设计的标准：它只需解释一次，从此之后，不言自明。这块手表会不会因为只有一个单控键而使设定时间变得很麻烦？是的，的确不方便，但是炫耀这款手表和解释其运作方式所带给使用者的反思的喜悦，远远超出它带来的困难。我自己就有一块这样的表，而且那些被我折腾过的朋友都知道，我一见人就骄傲地给他们讲我的手表，哪怕他们只是有一点点兴趣而已。

现在我们来对比这款反思层次设计的腕表和实用、灵敏的卡西欧（Casio）塑料电子腕表（图 3.7）。这块表很实用，它注重行为层面设计，但是却没有任何本能或反思层面设计的特征。这是一块工程师的手表：实用、简单明了、多功能，而且价格低廉。它并没有多漂亮——那不是它的卖点。再说了，这块手表没有什么特别的反思式魅力，除非当一个人可以买得起一块更贵的手表，但却通过反向逻辑为拥有这样一块实用手表而骄傲时。（这两块手表我都有，正式场合戴"时间设计"这款，其他场合则戴卡西欧。）

几年前我去了瑞士比尔（Biel）。当时，我是一个美国高科技公司的小型产品团队的一员，去那里跟斯沃琪（Swatch）公司的人交流。斯沃琪公司改变了整个瑞士钟表制造行业。他们的员工骄傲地跟我说，斯沃琪不仅是制造手表的公司，而且是制造情感的公司。没错，他们制造精密腕表和几乎用于世界上大部分腕表的机芯（不管表壳上显示的是哪种牌子）。不仅如此，他们真正所做到的，是把手表的价值从计时升华到情感。当他们的总裁挽起袖子秀出手臂上的各种腕表时，他大胆宣布：他们的专长是懂得人类情感。

斯沃琪以将手表变革成时尚标识而闻名，它主张所有人都应该拥有和领带、鞋子甚至衬衣一样多的手表。他们会大声告诉你，应该根据你的心情、活动，甚至每天的不同时段来更换不同的手表。斯沃琪的执行团队很耐心地试着向我们解释：是的，手表的机械部件不能太贵，并且一定要优质可靠（我们确实对他们的全自动化生产设备留下深刻印象），但是，真正的机遇在于开发手表的表面和表身。他们的网站这样写道：

> 斯沃琪就是设计[8]。斯沃琪手表的外形始终如一，它那为创意设计留下的小小空间带给艺术家们不可抗拒的诱惑。为何如此？因为手表的表面和表带可以表现最狂野的想象观念、最非凡的创意、最绚丽的色彩、最激动人心的信息、艺术和喜剧、今天与未来的梦想，以及更多的东西。这就是为什么每款斯沃琪手表都如此引人入胜：设计融合了信息，笔法见证了个性。

访问期间，我们虽然印象深刻，但也心存疑惑。我们是技术专家，他们倡导要把一种先进科技理解为搭载情感的平台，而不是搭载功能的平台，这确实让我们这些工程师有点儿捉摸不透。我们的团队无法投入到这种创新的工作方式里，所以这次访问没有带来这方面的成果——除了它给我留下的持久印象之外。我认识到，产品不仅是其所有功能的集合，它们的真正价值可以是满足人们的情感需求，而其中最重要的需求就是建立自我形象与社会地位。在一本关于工业设计的地位的书《手表不只是显示时间》里[9]，作者德尔科茨（Del Coates）解释道："事实上，要设计出一款仅仅显示时间的手表是不可能的。在什么都不知道的情况下，光是从一块手表（或是其他产品）的设计就能想象出它的佩戴者的年龄、性别和外表。"

你是否曾经考虑过购买一块昂贵的手工制手表？或者昂贵的首饰？或者一瓶苏格兰单一麦芽威士忌或名贵的伏特加酒？你真的能够区分这些品牌的差异吗？在测试者不知道哪个玻璃杯装哪种酒的情形下，针对多种威士忌进行的盲品结果表明，在很大程度上，你并不能品尝出它们的差别。为什么一幅昂贵的原画作要比一幅高品质的复制品来得宝贵？你更想拥有哪一个？如果这幅画作是为了美观，那么一幅精良的复制品应该已经足矣。

但是很明显，绘画的价值远不在于美观，它们还与拥有（或观赏）原作所带来的反思价值有关。

这些问题都与文化有关，而问题的答案与实用性以及生物学上的东西无关，而是与你从所处社会中学到的习俗有关。对于你们当中的某些人来说，答案是显而易见的；而对另一些人来说，这些问题甚至毫无意义。这就是反思层次设计的本质：一切尽在观者心中。

吸引力是一种本能层次的表象，它完全是对物品外表的反应。美则是来自反思层次，美超越了外表，它来自有意识的反思和经验，同时受到知识、学识和文化的影响。外表不具吸引力的物品也可以给人带来愉悦的感受。譬如，不悦耳的音乐可以是美的，样子不讨好的艺术品也可以是美的。

广告可以在本能层次、也可以在反思层次起作用。漂亮的产品——迷人的汽车、看起来功能强大的卡车、诱人的饮料瓶和香水瓶——都是在本能层次起作用。声望、罕有性和独特性则是在反思层次起作用。提高苏格兰威士忌的售价可以增加它的销量；提高某家餐厅的订座难度或某个俱乐部的入会难度，可以增加人们对它们的渴求度。这些都是反思层次上的策略。

反思层次的活动常常决定着一个人对某件产品的整体印象。当你在该层次上回想这件产品，思及它的所有魅力和使用经历时，许多因素将一起作用；同时，它在某一面的缺陷可能被另一面的优点所掩盖。在整体的评价过程中，一个小缺点很可能被忽略（或被放大），完全打破它原来应占的比重。

对某件产品的整体印象来自反思——追溯以往的回忆并重新评估。你是满怀热情地在你的同事和朋友面前炫耀你的东西呢？还是把它们藏起来？如果你愿意分享的话，你会只抱怨它们的不足吗？人们常常会把那些令他们引以为傲的物品放在显眼的地方展示，或者至少会拿给别人看。

客户关系在反思层次扮演着重要的角色，它是如此的重要，能维持良好的客户关系，甚至可以完全改变顾客对某件产品原有的负面体验。因此，一家想尽办法去帮助怀有不满情绪的顾客的公司，最后往往可以把这些顾客变成自己最忠实的支持者。确实，购买某件产品时没有任何不愉快经验的顾客，他的满意程度可能比之前有着不愉快经验，但其后在解决问题时得到公司的良好对待的顾客还要低。通过这种方式去赢取客户的忠诚花销不菲，但它展现了反思层次的威力。实际上反思式设计与长期的客户体验有关，它与服务、与个人接触及温馨互动有关。当顾客为决定下一次购买什么产品或向朋友提供建议而回顾这件产品时，一段愉快的记忆将盖过此前任何负面的经验。

在游乐园乘坐缆车是反思和反应之间交互影响的一个好例子。乘坐缆车既吸引那些追求高度刺激感和恐惧感的人，也吸引那些完全为追求之后的反思力量而乘坐的人。在本能层次，所有的重点就在于让乘坐的人心惊胆战，让他们在搭乘过程中受惊吓，但这必须以一种可靠的方式进行。当本能系统正全力运作时，反思系统则发挥一种冷静分析的作用。它告诉身体的其他部分，这是一趟安全的搭乘过程。它只是看起来危险，但实际上是安全的。在搭乘过程中，本能系统在很大程度上会占据上风。然而当记忆变得模糊时，反思系统则会占据上风。这时，曾经的搭乘体验反而变成了一种光荣，它提供了向他人讲述故事的谈资。在这方面，擅长经营之道的游乐园往往会通过向搭乘者售卖他们到达并体验顶峰时所被拍摄的照片，来强化这种互动。他们售卖各种照片和纪念品，让搭乘者可以向他们的朋友炫耀。

如果一座游乐园老旧破败，设施年久失修，栏杆锈迹斑斑，一副毫无生机的样子，你还会乘坐它的缆车吗？显然不会。你在理智上基本是不放心的。一旦反思系统无法起作用，吸引力也就不复存在了。

案例研究：全美足球联赛专用耳机

"你知道这项设计中最困难的部分是什么吗？" HLB 设计公司的沃尔特·赫伯斯特（Walter Herbst）自豪地把这个摩托罗拉（Motorola）的耳机（如图3.8 所示）展示给我看的时候问道。

"可靠性？"我迟疑地回答，想着它看起来又大又坚固，它一定是可靠的。

"不是，"他回答道，"是教练——它使教练戴着它时感觉舒适。"

摩托罗拉曾委托 HLB 公司设计供全美足球联赛教练使用的耳机。请注意，这些可不是普通的耳机，它们必须是功能强大的，能够在教练和散布在运动场上各角落的队员之间清晰地传递信息。麦克风的支臂必须是活动的，这样才可以把它安放在脑袋上的任何一侧，使得惯用左手和惯用右手的教练都能使用。

该款耳机的使用环境很恶劣，往往非常嘈杂。足球赛事常常在极端的天气下进行，从酷热到雨天甚至严寒都有可能。而且，耳机难免会遭到蹂躏：愤怒的足球教练把自己的挫败感发泄到手边的物品上，有时候他们会抓起麦克风的支臂然后把它扔到地上。此外，耳机中传递的信号必须是私密的，不能让对方队员偷听到。此外，耳机还是一个重要的广告标志，它能把摩托罗拉公司的名字展现给广大电视观众，所以，无论摄像机从哪个角度拍摄，都必须能清晰地拍到它的商标。最后，它必须让教练们感觉满意，让他们愿意使用它。所以，该耳机不仅必须能够经得起比赛的严峻考验，而且还能让人连续佩戴几个小时都感觉舒适。

耳机的设计是一项挑战。尽管小巧轻便的耳机比较舒服，但是不够坚固。更重要的是，教练可能拒绝使用。教练是一支活跃的大型团队的领导，而足球运动员则是团体运动中最大型、最强壮的运动队伍之一。因此，耳

图3.8

摩托罗拉公司为全美足球联赛教练设计的耳机

这款耳机由 HLB 工业设计公司设计，曾获得《商业周刊》及美国工业设计协会（IDSA）联合颁发的工业设计优秀奖金奖。美国工业设计协会如此描述它的获奖原因："一个设计团队能够意识到他们拥有创造出一种形象的机会———一个将为世界上的数百万人瞩目的机会，这是相当罕见的。摩托罗拉 NFL 耳机代表的是，一个糅合了高度发展的通信技术和挥洒在球场上的热血、汗水和泪水的伟大设计。此外，它强化了摩托罗拉公司为满足各领域的竞技场上专业用户的严格要求而努力付出的形象认知。（图片提供：HLB 公司和摩托罗拉公司）

机必须要强化这一形象：它本身必须是壮实的，这样才能展现教练掌控全局的形象。

因此，没错，设计必须具有本能层次的吸引力；而且，它必须能够满足行为层次的目的。然而，最大的挑战则是在做到这一切的同时，还要让教练满意，并且能够彰显他们作为受过严格训练的强大领导者英勇果断的自我形象，教练管理着世界上最顽强的运动员，一切均在他们掌握之中。简而言之，这就是反思层次的设计。

要完成这一切必须做好大量的工作。这并不是在餐巾纸上潦草画出的设计（尽管事实上许多尝试性的设计都是在餐巾纸上完成的），先进的电脑辅助绘图工具让设计师在实物制造出来之前，就能全方位地将耳机外观视觉化，将耳机和麦克风的交互作用、头带的宽松调整，甚至商标的位置（将电视观众对其可见度提至最大化，同时将教练对其可见度降至最小化，从而避免分心）做到最优化。

"这款教练耳机设计的主要目标"[10]，HLB 公司的项目经理斯蒂夫·雷米（Steve Remy）表示，"是为这个常常被忽略为背景物的产品，创作一个令人耳目一新的形象，并且把它变成一个塑造形象的产品，使其能在高度剧烈、动感十足的职业足球比赛中也能成功吸引观众的眼球。"它做到了。结果制造出来的是一件"很酷"的产品，它不仅性能优良，而且充当了摩托罗拉公司的有效广告工具，并提升了教练的自我形象。这是设计的三个不同的层次彼此良好配合的绝佳例子。

另辟蹊径的设计

对于初次光临的顾客而言[11]，走进位于联合广场（Union Square）西区的迪赛（Diesel）牛仔裤专卖店，感觉就像贸然闯进了一场瑞舞（Rave）舞会。重磅的铁诺克（Techno）音乐撼人心魄，电视屏幕上播放着让人费解的日本拳击比赛录像带。店里没有明确标示男女装部的指示牌，也难以分辨哪些人是店员。

然而，大型服装卖场，如香蕉共和国（Banana Republic）和盖普（GAP）等店面，往往都是标准的装潢和简约的布局，尽量让顾客们感觉舒适自在。迪赛的做法则是建立在非传统的基础上，他们认为最好的顾客就是那些晕头转向的顾客。

"我们很清楚地知道我们的店面环境让人感觉有压迫感这一事实，"迪赛零售运作总监尼尔·马希尔（Niall Maher）说道，"我们之所有没有把店面设计成顾客友好型环境，是因为我们希望你能跟我们的店员进行互动。不开口和别人交谈，你就无法理解迪赛。"

确实，当潜在的迪赛顾客遇到某种程度上的购物眩晕时，正是打扮入时的店员展开攻势的最佳时机。衣着光鲜亮丽的销售员解救了（或者折磨，依个人观点而定）倔强沉默的顾客。

——沃伦·圣约翰，《纽约时报》

对于人性化设计的实践者而言，服务顾客就意味着使他们从挫败、困扰和无助感中获得解脱，让他们感觉一切尽在掌握并且有能力做得到。对于聪明的销售员来说，情况刚好相反。如果人们不知道他们真正想要的是什么，那么什么才是满足他们需求的最佳方式呢？以人性化设计的例子来说，就是向他们提供自我探索的工具，让他们试试这个，试试那个，同时也使他们能凭一己之力获取成果。对于销售员来说，这是一个展现他们作为"衣着光鲜"的救助者形象的大好机会，时刻准备着向顾客提供帮助，同时引导顾客相信这正是他们一直在找寻的那个答案。

在整个时尚界——包括由服饰到餐厅、由汽车到家具的各个领域——谁能说哪个选择是正确的，哪个选择是错误的呢？解决这个困惑的方案纯粹只是玩弄感情的把戏，向作为顾客的你推销一个观念，即他们推介的产

品正好能满足你的需要；而且，更重要的是，向世界上的其他人广而告之
地宣布，你是一个多么高尚、有品位而且"紧跟潮流"的人。如果你相信
这一套的话，很可能这笔买卖就能成交了，因为强烈的感情依附为自我实
现的预言提供了机制。

因此，话说回来，什么选择才是正确的？是盖普和香蕉共和国这类
"标准化装潢和简约摆设，力求令顾客感觉舒适自在"的店铺，还是迪赛
这类故意迷惑胁迫，为让顾客准备迎接他们乐于助人、令人安心的销售员
而大肆铺垫的店铺？我很清楚自己的喜好，我在任何时候都愿意选择盖普
和香蕉共和国，但是迪赛的大获成功也证明了不是每个人都同意我的观点。
总的来说，这些店铺满足了不同的需求。相比之下，前两家店铺是实用主
义者（尽管这个说法可能让他们感到不寒而栗）；后一家店铺则是纯粹的
时尚主义者，它的唯一目标就是关注别人在想什么。

"当你身穿一套价值上千美元的套装时[12]，"超级销售员莫特·史匹凡
斯（Mort Spivas）这样对媒体评论员道格拉斯·洛克西夫（Douglass Rush-
koff）说道，"你会流露出与众不同的气质。于是，人们会以不同的方式对
待你，你因此自信心大增。如果你感觉到自信，你的举止也就会自信起
来。"如果销售员觉得身穿昂贵套装能使他们与众不同，那就真的能使他
们与众不同。就时尚而言，情感是关键。操纵情感的店铺实际上玩的是顾
客自行邀请自己加入的那个游戏而已。当今的时尚界也许经颇不恰当地
给饥渴的普罗大众洗了脑，让大家相信这个游戏是有价值的，虽然如此，
但这就是它的信念。

以扰乱购物者作为一种销售手段，根本就不是什么新闻。很久以前，
超市就懂得把人们最常要购买的产品摆放在店内的最里面，从而迫使顾客
经过一堆堆诱使他们冲动购买的产品才能走到超市的最里面。而且，相关
的产品常常会放在附近。人们常会冲进商店购买牛奶吧？那么就把牛奶放
在商店的最里面，然后把饼干放在牛奶旁边。人们常会冲进商店购买啤酒

吧？那么就把啤酒摆放在零食旁边。其他类似的做法是，在收银台上摆放人们在排队等候结账时，可能会受到引诱而购买的小件商品。创造这些"购物点"的陈列已经变成了一门不小的学问。我甚至可以想象得到，商店故意放慢结账的过程，以使顾客有更多的时间去完成这些最后一刻的冲动购买。

一旦顾客开始熟悉商店或货架的陈列方式，那么就是商店该重新布置陈列的时候了，这样才能继续推行这一套营销哲学。否则，想要购买一听罐头汤的顾客，就会径直走到摆放罐头汤的货架，而不会留意到任何其他意图引诱他们购买的商品。重新布置商店的陈列可以迫使顾客去他们之前没有到过的通道区域。同样，重新安排罐头汤的摆放位置可以防止顾客每次都购买同一种罐头汤而不去尝试其他品种。因此，货架要重新排列，而相关的商品要互相邻近地摆放。此外，商店也要重新布置，把最受欢迎的商品放在商店最里面的地方，而最可能冲动购买的商品则放在它们的邻近处，或者是过道尽头处最容易被看见的地方。在此，一种违反使用性原则的策略在发挥作用：让人们难以买到最想购买的产品，但非常容易买到冲动购买的产品。

当运用这些诡计时，最重要的就是不能让消费者注意到。要使商店的布局看起来没有什么异样，当然，还要让分不清方向成为乐趣的一部分。迪赛的迷惑策略能取得成功，是因为他们正是以此闻名，因为他们的服饰广受欢迎，同时也因为在其店内徘徊也是购物体验的一部分，但这套营销哲学用于五金店就显然行不通。在超市里，牛奶或啤酒被摆放在店内最里面的地方，这看起来并没有什么不妥，反而相当自然。毕竟，存放这些产品的冷藏柜是放在最里面的。当然，从来没有人问起真正的问题：为什么冷藏柜要放在那里？

一旦顾客意识到他们被店家以这种方式操弄了，形势就可能出现大反弹：他们会舍弃这些操弄人的商店，而改为光顾那些让他们感觉更舒适自在的商店。试图通过迷惑顾客来营利的商店，往往可以享受到销售额和人气的极速上涨，但同样也可能遭遇极速下滑。稳重传统且为顾客提供帮助的商店则相对更加稳定，在人气方面不会经历太大的起落。没错，购物可以是一种感性的情感体验，但同时也可以是一种负面的受创经历。但是，当商店行事正当时，当他们懂得"购物学"并运用帕克·安德希尔（Paco Underhill）的著作[13]（*Why We Buy：The Science of Shopping*）的副标题时，购物既可以是消费者正面的情感体验，也可以是店家有利可图的销售行为。

　　正如游乐园里令人恐惧的游乐设施，使人们本能层次的焦虑和恐惧与反思层次的冷静和安心互相较劲一样，迪赛的店铺让顾客在行为及反思层次的最初困惑和焦虑，与其后上前解救他们的销售员的迎接和解困相碰撞。在这两种情形下，最初的负面情感对于最后体验的放松和愉悦都是必不可少的。在游乐园中，搭乘已经安全结束了，搭乘者可以回顾其成功征服了历险的所有正面体验。在迪赛店铺里，情绪舒缓下来的顾客则可以回顾销售员给予的冷静指引和帮助，因而很容易与营业员建立起联系。这就跟"斯德哥尔摩综合征"没什么两样，被绑架的人质与绑匪建立起一种正面的情感联系，当他们重获自由而绑匪被拘捕后，他们反而为绑匪求情。（这个名称来源于1970年代早期发生在瑞典斯德哥尔摩市内的一起银行劫案，一名女人质对其中一名绑匪产生了爱慕之情。）但是这两种情况之间有着本质上的差别。在游乐园里，恐惧和刺激是吸引人之处，它们是公开的、被广而告之的。而在迪赛店铺内，它是人为操纵的。一个是自然的，另一个并不是。猜猜哪一个可以持续更长的时间？

团体成员设计 vs 个人设计

　　尽管反思性思考是伟大的文学和艺术作品、电影和音乐、网站和产品的精髓所在，但它并不是引起知识分子兴趣的成功保证。许多获得高度赞赏的严肃艺术和音乐作品，对于普罗大众而言都甚难理解。我怀疑甚至那些对它们大加赞赏的人也觉得难以理解，因为在文学、艺术和专业批评这些高雅的领域中，似乎如果某件作品轻易就能被理解的话，它就会被视为存在缺陷；而如果某件作品是令人难以参透的，那它就肯定是佳作。某些传达出微妙、隐含的知识分子气息的作品，它们可能不为一般观众或使用者所熟知，除了它们的创作者和大学校园里毕恭毕敬地听着教授的评价讲解的学生之外，也不为其他任何人所知。

回想一下弗里茨·朗（Fritz Lang）的经典电影《大都会》（Metropolis）的命运，"一部有关孝顺反抗、浪漫爱情、异化劳工和去人性化特技的野心勃勃并且耗资巨大的科幻默片[14]"。这部电影于 1926 年在柏林首映，但是美国电影发行商派拉蒙电影公司（Paramount Films）却抱怨它的艰深晦涩。他们聘请了剧作家詹宁·布鲁克（Channing Pollock）来改编这部电影。布鲁克抱怨说："象征主义运用泛滥[14]，以致观看电影的观众根本不清楚这部电影在讲述什么。"不管你是否同意布鲁克的批判，太多的知性主义确实会妨碍愉悦和乐趣的产生，这是毫无疑问的。（当然，以下是题外话：严肃的论文、电影或艺术作品的目的在于教育和宣扬，而非娱乐。）

普通观众的喜好与知识和艺术界人士的需求之间，存在着根本的冲突。这种情况对于电影来说最为突出，而且对于所有的设计和严肃音乐、艺术、文学、戏剧及电视节目也都适用。

制作电影是一个复杂的过程。成百上千的人参与到整个制作过程中，制片人、导演、编剧、摄影师、剪辑师、片场监制，都对最终的电影成品有着合法的发言权。艺术的完整性、具有凝聚力的主题法以及深层次的东西都甚少来自团队。最好的设计始终遵循有凝聚力的主题，同时具有明确的视觉和重点。通常，这样的设计由个人的想象力推动。

也许你会认为我在驳斥自己提出的一项标准设计原则：测试然后重新设计。我一直倡导人性化设计，即根据潜在用户的使用测试结果，不断地对一个产品进行修正。这是一个经过时间验证、行之有效的方法，以此方法制造出来的最终产品能满足最广大用户群体的需要。为什么现在我主张，对最终产品有一个清晰概念并保证按此概念进行产品开发的单个设计师，会胜于"设计、测试然后重新设计"这套审慎的设计流程呢？

差别在于我此前的作品都是侧重于行为层次的设计。我至今仍然坚持认为，交互式、以人为本的方法，对于行为层次的设计相当有效，但对于本能或反思层次的设计却未必适用。对于后两者而言，交互式的方法是通过妥协、团体成员和达到共识设计出来的。这种方法能保证结果的安全性和有效性，但却难免呆板无趣。

电影制作中就经常发生这种情况。电影监制常常根据银幕测试反应对电影进行修改，即向测试观众播放一部影片，并以他们的反响为基准进行修改。结果，某些场景被删除了，故事的主线也发生了变化。为了迎合观众的口味，电影的结局常常被修改。凡此种种都是为了提高电影的卖座率和票房收入。然而问题是，导演、摄影师和编剧会觉得这些修改破坏了电影原本的灵魂。应该相信谁呢？我认为测试结果和创作班底的意见都是有根据的。

电影的评价标准众多。一方面，即使一部"低成本"的电影也需要耗资数百万美元制作，而一部高成本的电影则可能耗资上亿美元。电影既可以是一项重要的商业投资，也可以是一项艺术创作。

商业与艺术或文学之间的争论是现实而适切的。最后的结论是，想要成为一名只专心于创作、丝毫不考虑赢利因素的艺术家，还是想要成为一名商人，为了吸引尽可能多的观众而对其电影或作品不断进行修改，甚至不惜牺牲它的艺术价值作为代价。想要一部大受欢迎、吸引众多观众的电影吗？那就向测试观众播放该片，然后对它进行修改吧。想要一部艺术杰作吗？那就聘请一个你信赖的创意团队吧。

麻省理工学院媒体实验室（MIT Media Laboratory）的一位研究科学家

亨利·利伯曼（Henry Lieberman）已经针对"团体成员设计"提出了非常有力的反对观点。因此，让我在此简要地引述一下他的话：

> 杰出的概念艺术家维他利·科马（Vitaly Komar）和亚历克斯·梅拉米德（Alex Melamid）[15]曾在人群中进行过一项调查。调查的问题包括：你最喜欢的颜色是什么？你喜欢风景画还是人物画？然后他们举办了完全"以用户为中心的艺术"展览，但结果却令人非常懊恼。那批作品完全缺乏创新或精湛的工艺技巧，甚至为那批接受问卷调查的人所厌恶。优秀的艺术作品并不是多维空间中的某个最佳点。当然，这是他们的观点。"完全以用户为中心的设计[16]"同样也会遭到摈弃，因为它缺乏艺术性。

有一件事情是可以肯定的，那就是这种争辩是必然存在的：只要艺术、音乐和表演的创作者与那些必须花钱把它们推向世界各地的人不是同一批人，这种争辩就会一直持续下去。如果你想要一个成功的产品，那就测试并对其进行修改吧。如果你想要一个伟大的产品，一个可以改变世界的产品，那就让一个有着清晰洞察力的人来推动它吧。后者需要承担更大的财务风险，但这是成就伟大作品的必经之路。

注解：

1. "记得有一次我在考虑要不要买爱宝琳娜"：来自雨格·巴兰格尔回复我的问卷调查的电子邮件，2002 年 5 月 6 日。如果想要看看这个瓶子，巴兰格尔说道："请进入以下网页查看图片，http://www.apollinaris.de/english/index.html（把鼠标放在'产品'上，然后点击'爱宝琳娜经典产品'）。"

2. "走进任何一家美国、加拿大、欧洲或亚洲的食品超市"：出自网站"瓶装水网站"，http://www.bottledwaterweb.com/indus.html。

3. "包装的设计者和品牌经理"：出自网站"Prepared Foods.com"，http://

www.preparedfoods.com/archives/1998/9810/9810packaging. html。

4. "几乎每个喜欢 TyNant 矿泉水的人"：出自 TyNant 网站，http：//www.tynant.com/client.html。

5. "优秀的行为层次设计原则广为人知……我已经在《设计心理学》中将其列出来了"：诺曼，2002a，另见：库珀，1999；拉斯金，2000。

6. "最终了解用户那些未被满足和未明述的需求"：出自 2002 年中发给我的 HLB 关于"企鹅出版社"的平台折梯的个案研究。

7. "来，试试这个。"：汤姆·凯利在关于 IDEO 的著作中对"科技盒"有详尽描写（凯利与利特曼，2001，第 142 ~ 146 页）。

8. "斯沃琪就是设计"：斯沃琪网站上的学习指南（斯沃琪钟表公司）。

9. "在一本关于工业设计的地位的书《手表不只是显示时间》里"：德尔科茨，2003，第 2 页。

10. "这款教练耳机设计中的主要目标"：HLB 公司的高级机械工程师兼项目经理斯蒂夫·雷米引用 HLB 用于介绍 PTC 的 Pro/ENGINEER 软件设计的新闻稿，2001 年 7 月 23 日，请访问 http：//www.loispaul.com。

11. "对于初次光临的顾客而言"：版权，2002，获得纽约时报公司批准印刷，圣约翰，2002。

12. "当你身穿一套价值上千美元的套装时"：洛克西夫，1999，第 24 页。

13. "帕克·安德希尔的著作"：安德希尔，1999。

14. "一部……野心勃勃并且耗资巨大的科幻默片""象征主义运用泛滥"：出自 A·O·斯科特在《纽约时报》发表的关于经典电影的评论，斯科特，2002。

15. "杰出的概念艺术家维他利·科马和亚历克斯·梅拉米德"：科马、梅拉米德与威彼杰斯基，1997。

16. "完全以用户为中心的设计"：出自利伯曼的文章《评价的暴政》，可以在他的网站上获取。我将短语"以用户为中心的界面"改成"以用户为中心的设计"（已得到他的许可），以便更准确地表达这一观点，利伯曼，2003。

第四章

乐趣与游戏

麻省理工学院媒体实验室的石井裕（Hiroshi Ishii）教授忙进忙出[1]，迫切地向我展示他的所有收藏品。"挑一个瓶子吧。"他站在一个摆放着七彩缤纷的玻璃瓶的架子前对我说。我照着做了，得到的奖励是一段俏皮的调子。我拿起第二个瓶子，音乐中加入了另外一种乐器发出的音符，并且和第一种乐器琴瑟和谐地合奏着。当我拿起第三个瓶子时，一段三重奏的乐章诞生了。一旦放下一个瓶子，和它相关联的乐器便停止演奏。我的好奇心被激发起来了，但是石井却急着要我体验更多其他的东西。"来，看看这个，"他从房间的另一头朝我喊道，"试试这个！"接下来的是什么？我不知道，但肯定很有趣。我可以在那里消磨一整天的时间。

不过，石井有更多有趣的东西要展示。试想一下，在一群鱼儿上打乒乓球[2]，如图4.1所示。它们就在那儿，在桌面上游动，它们的影像由位于桌子上方的天花板上的投影仪投射出来。每当乒乓球击中桌面时，涟漪就会扩大，鱼群也会散开。但是鱼群无法逃离桌面——这是一张小桌子，无论鱼群游到哪里，乒乓球用不了多久就会再次把它们打散。这是打乒乓球的好方法吗？显然不是，但这并不重要，它的重点在于乐趣、高兴和愉悦的体验。

唉，乐趣和愉悦是科学领域甚少涉及的主题。科学或许太过严肃，以致当它尝试探究与乐趣和愉悦相关的议题时，它的过分严肃也成了一种羁绊。没错，是有一些关于幽默和乐趣的科学基础的研讨会议，"乐趣学[3]"（funology）是这一特殊研究的名称，然而这是一个难度很高的议题，进展也相当缓慢。乐趣仍然是一种艺术形式，最好留给具有创造性思维的作家、导演和其他艺术家。不过，缺乏科学理解并不会妨碍我们享受乐趣。艺术家经常朝此方向努力，探索人际交往的方式，然后科学也努力理解其中的奥秘。长期以来，这种情况在戏剧、文学、艺术和音乐领域一直如此，也正是这些领域给设计提供了启示。乐趣和游戏是值得我们追求的。

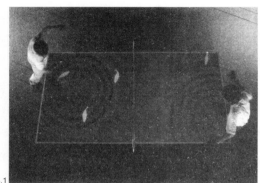

图4.1

图4.2

鱼群上的乒乓球
"乒乓球桌附加装置"（Ping Pong Plus）。水和鱼群的影像被投射在乒乓球桌面上。每当球打在桌面上，电脑就能感知到它的位置，并使涟漪的影像从球的落点处往外扩散，鱼群也随之四散。（图片提供：麻省理工学院媒体实验室石井裕）

荣久庵宪司著作的封面《日式便当的美学》
这本书详细介绍了设计应如何融合深度、美学和实用性。荣久庵宪司在书里表示，这个便当盒是大部分日本设计哲学的隐喻。它是一件供消费用途的艺术品，遵循的是越多越好的哲学，它提供各式各样的食物以满足每个人不同的喜好和口味。它原本是供上班族食用的经济实用型午餐，因此它结合了功能性、实用性、美学性以及哲学实践［摄影：土井武（Takeshi Doi），图片提供：土井武、荣久庵宪司及麻省理工出版社（MIT Press）］

以乐趣和愉悦为目的的物品设计

为什么一定要以诸如数字表格这种沉闷呆板的形式来表达信息呢？很多时候我们并不需要确切的数据，而只需要一些表明上升或下降、快速或缓慢的指标，或者是一些粗略的估值。所以，为什么不以一种多姿多彩的、能够持续地吸引周围注意力的方式，不以一种让人愉悦而非让人分心的方式来呈现数据呢？石井教授再一次推荐了这种方法：想象一下，色彩缤纷的风车在你头顶上方旋转着，光是想想就让人觉得有意思，不过它的旋转速度是有含义的。可能与室外的温度有关，与你日常上下班通勤路上的车流量有关，又或者与任何看起来有用的统计数据有关。你需要他人提醒你在某个具体的时间点做某件事情吗？为什么不在那个时间点到来的时候提高风车的旋转速率呢？速率越高，就越可能吸引你的注意力，同时还可以提示事情的紧迫性。为什么不用旋转着的风车呢？为什么不以一种让人愉悦舒服的方式呈现信息呢？

科技应该为我们的生活带来更多东西，而不仅仅是产品性能的提高：它应该使我们的生活更丰富更有趣。相信艺术家的技巧，这是为生活带来乐趣和愉悦的一个好办法。幸运的是，我们周围就有很多这样的例子。想一想日式午餐便当给人们带来的乐趣。开始时，它只是一个简便的工作午餐。在这个餐盒中，你可以享用到各种各样的食物，菜色的种类很多，即便你不喜欢其中的一些主菜，你还可以有别的选择。它的盒子很小，却塞得很满，这就给厨师提出了一个美学上的挑战。

在最好的情况下（见图4.2），它甚至是一件艺术品：以消费为目的的艺术品。日本工业设计师荣久庵宪司（Kanji Ekuan）曾经指出，日式便当盒的美学是设计的一个绝佳隐喻。便当盒被分割成几个小格子，每个小格子盛满五六种食物，小小的空间内可以盛装 20 到 25 种不同颜色、不同味道的食物。荣久庵宪司这样形容它：

> 如果如此努力的成果没被看一眼，或者想都不多想就被食客吃掉，厨师……自然会很失望[4]。于是，他们努力把便当盒里的食物做得非常诱人，使得食客心不甘情不愿地举起筷子开吃。尽管如此，吃掉这件杰作也只是迟早的事，即便客人在打破它的完美布局之时，仍然感受到它的布局之美。这是美感的提供和接受之间与生俱来的矛盾关系。

便当盒紧凑丰盛的特性具有很多优点。它迫使人们把注意力集中在食物的摆放和呈现细节上。荣久庵宪司说，这种把许多东西放入一个小小的空间，并同时保持某种美感的设计精髓，便是很多日本高科技产品的设计精髓，其目标之一就是"建立同等重要的多功能价值和微型化价值。把各种功能附加到某件产品上，同时让它的体积更小更轻薄，这是两个相互矛盾的目标，但是人们必须追寻这个矛盾的极限，从而找出解决方案"。

它的诀窍在于，以一种设计相关各层面均不需妥协的方式，把多种功能压缩到有限的空间里。荣久庵宪司显然把美感——亦即美学——放在首要位置。"崇尚轻盈简便的美感[5]，"他继续说道："渴求的是功能性、舒适感、奢华感和多样性的结晶。美感的实现和随之而来的渴望，将是未来设计的目标。"

美感、乐趣和愉悦共同作用能产生快乐的感觉，这是一种正面的精神状态。当前，大部分情感方面的科学研究都集中在负面的焦虑、恐惧和愤怒等情绪上，尽管乐趣、欢乐和愉悦才是人们渴望的生活属性。不过，这个趋势正在改变，有关"正面心理学"和"幸福"方面的文章和图书日渐流行[6]。正面的情感可以带来许多好处：它们有助于对抗压力；它们在人们的求知欲和学习能力方面至关重要。以下是心理学家巴巴拉·弗里德里克森（Barbara Fredrickson）和托马斯·乔依纳（Thomas Joiner）对正面情感的描述：

　　正面情感可以拓宽人们思想——行为的运作[7]，鼓励人们发现思想或行为方面的新线索。例如，欢乐可以激发玩耍的欲望，兴趣可以激起探索的冲动等。再例如，玩耍可以培养体能、社会情绪及智力技能，同时促进大脑发育。同样，探索也能增进知识并提高心理的复杂程度。

　　把枯燥乏味的数据转变成稍微有趣的东西，并不需要耗费太多的精力。我们来对比一下三大网络搜索引擎公司的风格。谷歌（Google）以一种嬉戏俏皮的方式延伸它的标志长度，以此配合搜索结果数量的多寡（图4.3）。已经有好几个人告诉我，他们很希望知道 Gooooogle 的标志到底能延伸到什么长度。但是雅虎（Yahoo）、微软（Microsoft network，MSN）和其他很多网站都放弃了任何有趣的想法，仅以一种缺乏想象力的、中规中矩的方式，直接把搜索结果显示出来。小细节？是的，但这是一个很有意义的细节。谷歌以其作为一家好玩有趣——同时又非常有用——的网站而闻名，它的标志的趣味性变形有助于强化其品牌形象，让网站用户感到有趣，这是很好的反思层次设计，同时对公司也有好处。

　　设计领域的学术和研究单位，在乐趣和愉悦方面的研究尚未取得什么佳绩。设计常常被视为一种实用性技巧，是一种职业而不是一门学术。在我为写作本书所做的研究中，我发现了很多关于行为层次设计的文献，以及大量关于美学、形象和广告的讨论。例如，《情感化的品牌》（*Emotional Branding*）一书[8]讨论的是广告。学者们的注意力主要放在设计史、社会史或社会含义上，或者，如果他们是来自认知科学和电脑科学的学者，他们的注意力则主要放在人机界面和可用性的研究上。

　　作为关于愉悦和设计方面为数不多的科学研究著作之一，《设计令人愉快的产品》一书的作者，即人因专家和设计师帕特里克·乔丹（Patrick Jordan）在书中以莱昂内尔·泰格（Lionel Tiger）的著作为基础[9]，将愉悦感划分为四大种类。我将其诠释如下：

Goooooooooogle ▶

图4.3   Result Page: 1   2   3   4   5   6   7   8   9   10   Next

谷歌以一种创意及启发性十足的方式玩转其名字及标志

某些搜索引擎会给你很多页的搜索结果，因此，谷歌会据此对其标志进行相应的调整：当我以"情感与设计"作为关键字进行搜索时，我得到了10页的搜索结果。谷歌会把10个"o"加到它的名字里，因此标志的长度就被延伸了，这既有趣味性，又有信息性，而且最重要的是，不会让人感到突兀。（图片提供：谷歌）

生理的愉悦（Physio-Pleasure）。生理的愉悦包括视觉、听觉、嗅觉、味觉及触觉的愉悦。它结合了本能层次的许多方面和行为层次的某些方面。

社交的愉悦（Socio-Pleasure）。社交的愉悦是从与其他人交往中获得的。乔丹指出，许多产品都扮演着重要的社会角色，不论是出于设计还是偶然。所有的通讯技术——无论是电话、手机、电子邮件、即时通讯还是普通邮件——都是通过设计发挥社会作用。有时，社交愉悦是在使用产品时无心插柳地产生出来的副产品。于是，茶水间和邮件收发室便充当了办公室即兴聚会的主要地点。同样地，厨房也是家庭中许多社交活动的主要场所。因此，社交愉悦兼具行为层次和反思层次设计两个方面。

心理的愉悦（Psycho-Pleasure）。这方面的愉悦涉及人们在使用产品时的反应和心理状态。心理愉悦属于行为的层次。

思想的愉悦（Ideo-Pleasure）。这种愉悦属于经验的反思，即人们欣赏某产品的美学、品质，或该产品能在何种程度上改善生活和尊重环境。正如乔丹所指出的，许多产品的价值源自它们表达的含义。把这些产品展示出来，其他人就能看见，而他们的主人也就获得了思想上的愉悦，因为某种程度上，它们象征着主人的价值判断。思想的愉悦显然属于反思层次。

采用乔丹/泰格的分类方法，再结合设计的三个层次，你会得出一个有趣而让人愉快的最终结论。然而，乐趣和愉悦都是让人难以捉摸的概念。因此，什么能让人愉悦，这在很大程度上取决于当时的情景。小猫和婴儿的行为可能被认为是有趣可爱的，但是如果一只大猫或者一个成年人做出同样的举动，则很可能让人气愤或厌恶。而且，一开始时被认为有趣的东西，后来也可能变得不再受欢迎。

来看看"娃娃"（Teo）滤茶器（图4.4）吧，这是由史蒂凡诺·皮罗瓦诺（Stefano Pirovano）为意大利家用产品制造商阿莱西（Alessi）设计的作品。乍看之下，它很可爱，甚至有点孩子气。但是光凭这一点还不能称之为有趣——暂时还不能，它只是一个简单的拟人化产品。在我把它买回来的那天，我正好和来自芝加哥伊利诺理工大学设计学院（Illinois Institute of Technology's Institute of Design）的设计教授佐藤健一共进午餐。在餐桌上，我满怀骄傲地向他展示我的新战利品。而佐藤的第一反应是一脸狐疑。"是的，"他说，"它是可爱和让人愉悦的，但是它有什么作用呢？"当我把这个滤茶器放在一个茶杯上时，他的眼睛马上为之一亮，并且哈哈大笑起来（见图4.5）。

乍看之下，这个"娃娃"的双臂和双腿只是可爱而已，但是当它的可爱之处也明显具有实用性时，"可爱"就变成"愉悦"和"有趣"了，而且这种感觉是持久性的。在接下来的一个小时内，我和佐藤几乎都在探讨，到底什么可以把浅显的可爱印象转变成深刻持久的愉悦感。在"娃娃"滤茶器的例子中，出乎意料的转折是关键所在。我们两个人都知道，这个惊喜的本质在于这两个画面是不相连接的：首先只有滤茶器，然后才是把它放在茶杯上。"如果你打算把它发表在你的著作中，"佐藤提醒我说，"一定要确保一页中只能出现滤茶器的图片，然后让读者翻开另一页才能看到装在茶杯上的滤茶器。否则的话，那么惊喜——以及随之以来的乐趣——就不会来得那么强烈了。"正如你现在所见，我听从了他的建议。

是什么使滤茶器由"可爱"变为"有趣"呢？是惊喜？是巧妙？诚然，这两种特质都起了很大的作用。

这是否正如古老的谚语所说，熟悉易生轻侮？很多东西在一开始时，都很可爱很有趣，但是随着时间的推移，这种感觉日渐消逝，甚至变得索然无味。在我家，这个滤茶器现在已经被长期地停用搁置了，它攀附在一个茶杯上，紧靠着摆放在厨房窗台上的三个水壶。这个滤茶器的魅力在于，

图4.4

史蒂凡诺·皮罗瓦诺设计的娃娃滤茶器，阿莱西公司制造
这个娃娃是可爱的，它的颜色和形状都很吸引人。令人愉悦吗？是的，有一点。有趣吗？还不算。（作者藏品）

尽管我每天都可以看到它，尽管经过多次使用，它仍然保留着自己的有趣之处。

至今为止，这个滤茶器也就是个小玩意儿而已，对于这一点，我相信甚至连它的设计者皮罗瓦诺也不会否认。但是，它经历了时间的考验，这正是优秀设计的一个标志。伟大的设计如同伟大的文学、音乐或艺术一样，可以在不断的使用和持续的露面之后，仍然为人所欣赏。

人们往往比较少注意熟悉的事物，无论是对他们拥有的东西或是对他们的配偶。整体而言，这种适应性行为在生物学上是有用的（对物品、事件及状况而言，并非对配偶而言），因为在日常生活中，新奇的、预料之外的事物通常会吸引更多的关注。大脑天生就会适应重复的经验。如果我给你看一系列重复的图片并测试你大脑的反应，会发现你的大脑活动会随着图片的重复而逐渐减弱。只有在新东西出现时，你的大脑才会再次做出反应。科学家已经表明，最剧烈的大脑反应总是伴随着最意想不到的事情的发生而出现。对于一个简单的句子，例如，"他拿起那把锤子和那颗钉子"，大脑的反应相当微弱；但是如果改变最后几个字，"他拿起那把锤子然后把它吃掉[10]"，你会发现大脑的反应要强烈得多。

人类的适应性对设计工作而言是一项挑战，但是对制造商来说则是一个机会：当人们厌倦了某件产品时，或许他们会购买一件新产品。事实上，时尚的本质就在于让当前流行的趋势变得过时而乏味，以及把当今的潮流变成昨天的喜好。昨天还很有吸引力的产品，今天看起来却已经不是那么吸引人了。本书所列举的某些例子或许也落入了这条轨道：在写作本书的时候，迷你库珀车对评论家来说还相当可爱迷人，然而到了你翻阅本书的时候，它就显得老旧过时和无趣了，以至于你会疑惑，我怎么会选择它来当例子呢！

出于熟悉会导致冲击力减弱的考虑，某些设计师提出了隐蔽美丽风景的主张，以免频繁的接触导致情感影响的弱化。在《建筑模式语言》（*A Pattern Language*）一书中，杰出的建筑师克里斯多弗·亚历山大（Christopher

图4.5

图4.6

皮罗瓦诺的"娃娃"滤茶器
准备好使用了，现在它是有趣的。(作者藏品)

两件具有诱惑力的产品
菲利普·斯塔克（Philippe Starck）的"外星人"榨汁器（Juicy Salif），以及旁边的具良治（Global）菜刀。在榨汁器带有棱纹的顶端旋转半个橙子，橙汁会顺着它的侧面流下并汇聚到低部的尖端处，继而滴入玻璃杯中。不过这种镀金的款式不具有抗酸性，容易被酸性液体侵蚀。据说斯塔克曾经表示："我的榨汁器不是用来榨柠檬汁的，它是用来打开话匣子的。"(作者藏品)

Alexander）及其同僚，基于他们的观察和分析阐述了 253 种不同的设计模式。这些模式为他们的指导方针"建筑的永恒之道"提供了理论基础，即以多种方法叠加的方式，来建造可以提升居住者的生活品质的房子。第134 种模式对过度曝光的问题是这样处理的：

> 模式 134：禅的观看[11]。如果有美丽的景致，不要在正对着这些景观的地方建造宽敞无比的窗户，这样会把美景毁坏殆尽。相反，应该把面朝景观的窗户设在一些过渡性的地方——沿着过道、在走廊上、在入口处、在楼梯旁，或者在两个房间之间。

如果观景窗户的位置设计得当，人们走近窗户或从它旁边经过的时候，就能瞥见远处的风景。但是，在人们经常逗留的地方，这些景观绝对不是轻易就能看到的。

"禅的观看"出自"一个佛教高僧的寓言故事[12]，他住在一座风景优美的山上。这位高僧在山上修建了一道从各个角度遮挡外面风景的围墙，只有在通往他的山顶小屋的路上才可以短暂地一窥美景"。亚历山大和他的同僚们说："欣赏远方的大海景色是如此受制，所以这些风景可以永远保持鲜活。哪个曾经欣赏过此等美景的人可以把它遗忘？它的魅力将永远不会消失。甚至是居住在那里的人们，尽管日复一日地从这片风景中穿梭走过，但它仍然是鲜活的。"

然而，大多数人并不是佛教高僧。我们当中的大多数人都抗拒不了把自己融入到如此美景中的诱惑。遮掩美景是否适合我们所有的人，这还有待商榷，尽管作为禅的风景的寓言和其中的道理很有趣，但它只是一个观点，不是事实。假设拥有在一段时间内体验美景的机会，那究竟是随时随地任君观赏，即便在美感会随着时间的流逝而减退的情况下总体提升效果会比较明显，还是在只能偶尔瞥见美景的情况下提升作用更大一些？我想没有人知道这个问题的答案。

我是一个追求及时行乐的人。一直以来，我都会把自己住所的窗户建在朝向风景的地方（当我住在加州南部时，窗户面朝大海；当我住在伊利诺伊州北部的时候，窗户对着有鹅、鸭子和苍鹭停留的池塘），因此，我并不赞同把第 134 种模式，亦即"禅的观看"，作为一条放之四海而皆准的设计原则。

然而，这是一个真实存在的问题。我们如何才能终生保持兴奋、兴致和美感愉悦呢？我猜想，部分答案来自那些针对经得起时间考验的音乐、文学和艺术品的研究。在所有这些例子中，它们的作品都有着丰富而深刻的内容，所以每次体验都有一些不同的东西可以领略和体会。就古典音乐而言，对于大多数人来说，它是沉闷而无趣的，但对于另外一些人而言，它确实可以让他们愉快地聆听一辈子。我相信这种韵味悠长源于它结构上的丰富性和复杂性。古典音乐中加入了多种主旋律和变奏，有些是同步的，有些是接续的。人类有意识的注意力受当时能注意到的东西所限制，这意味着意识会局限于音乐相关的有限集合里。因此，每次聆听音乐都侧重于音乐的不同方面，这样，音乐就永远都不会让人觉得乏味，因为它一直都是不同的。我相信类似的分析将会揭示出那些能经受时间考验的东西的类似丰富性：古典音乐、艺术和文学是如此，风景名胜也是如此。

我所喜爱的风景是动态的。风景往往处于不断的变化之中。植物随着四季而变化，光线则随着白昼四时而变化。不同种类的动物在不同的时间群聚，它们彼此之间的互动以及与环境的互动也是千变万化的。在加州，大海中卷起的波浪不断变化，反映着数千里以外的天气模式。透过我的窗户可以看见各种海洋动物——棕色的鹈鹕、灰色的鲸鱼、身穿黑衣的冲浪运动员，还有海豚——都随着天气、时间和周围活动的变化而改变它们的活动。为什么"禅的观看"不能如此丰富、如此持久呢？

也许问题的症结不在于被观看的事物，而在于观者本身。很可能那个佛教高僧从来没有学习过怎么观景。因为一旦你学会了怎样观察、聆听和分析你面前的事物，你就会意识到体验是不断变化的，而愉悦感是永恒的。

这个结论有两个重要的隐含意义。第一，那件物品必须是丰富而繁复的，其组成要素之间可以产生永无止境的交互作用。第二，观者必须能够花时间对这些丰富的交互作用进行学习、分析和思考；否则，它的景色就会变得平淡无奇。如果要使某件物品能够长久地使别人感到愉悦，那么以下两个组成要素是必不可少的：设计师提供强烈丰富的体验技巧，以及观者的体验技能。

一项设计怎样才能在长久的熟悉期过后仍然保持它的效果呢？设计师朱莉·卡斯拉夫斯基（Julie Khaslavsky）和内森·谢卓夫（Nathan She-droff）认为，秘诀就是诱惑。

对于产品的购买者和使用者而言，某些有形及无形的产品在设计方面的诱人魅力[13]，甚至可以超越它们的价格和性能表现。让很多工程师感到惊讶的是，在某些时候产品的外观可以成就，甚至突破它的市场反响。它们之间的共同点在于，它们有能力与观众建立一种情感联系，这对它们来说甚至是一种需要。

卡斯拉夫斯基和谢卓夫认为，诱惑是一个过程，它能给人带来丰富而持久的强烈体验。没错，必须有一种最初始的吸引力。但是真正的诀窍——这也是多数产品的失败之处——在于迸发最初的热情之后怎样维持这种关系。如果某件物品的巧妙可爱之处仅仅在于外观，而与它的用途毫无关系，你会感到挫败、气愤甚至忿恨。想一想你曾经兴冲冲地把多少件小器具或者小家具抱回家，然后使用过一两次之后就把它们尘封起来束之高阁？又有多少件东西可以经得起时间的考验，让你至今仍然愉快地使用它们？这两种经验之间有哪些不同之处？

卡斯拉夫斯基和谢卓夫提出了吸引（enticement）、联系（relationship）和满足（fulfillment）这三个基本步骤：许下一个感情的诺言，并不断地履行这个诺言，最后以一种让人难忘的方式终结这种体验。他们检验了菲利普·斯塔克设计的榨汁器（图4.6），以此阐明他们的论点。这个榨汁器的全称是"外星人榨汁器"，是在意大利托斯卡纳区一个名叫开普拉亚岛（Capraia）上的一家比萨店的餐巾纸上设计出来的。身为制造该产品的公司负责人阿尔贝托·阿莱西（Alberto Alessi）对这个设计是这样描述的：

> 在那张沾着一些不可辨认的污渍（多半是番茄酱）的餐巾纸上[14]画有一些草图，一些类似鱿鱼的草图。它们以自己独特的方式从左边一直延伸到右边，它们有着无可挑剔的形状，这个本世纪最著名的柑橘类水果榨汁器的草图就这么完成了。你可以想象一下当时发生了什么事情：一边吃着一盘鱿鱼，一边在它的上方挤柠檬汁，我们的设计师终于获得了灵感！"外星人榨汁器"就此诞生，但是随着它的诞生，一些信奉"形式服从功能"的追随者则开始伤起了脑筋。

这个榨汁器确实很吸引人。第一眼看到它时，我的脑海里马上就浮现了店家最喜爱的一连串反应："哇，我想要这个。"我对自己说。然后，我才问："这是什么？它是用来做什么的？它卖多少钱？"最后的结论是"我要把它买下来"。结果我也确实这么做了。这是纯粹的本能反应。这个榨汁器确实很怪异，但是却很讨人喜欢。原因是什么？幸好，卡斯拉夫斯基和谢卓夫已经为我做了以下分析[15]：

> 通过转移注意力进行诱惑——它在形状、造型和材料各方面都与其他厨房用品有着本质的不同。

> 提供让人惊喜的新奇之处——一开始并不能辨认出它是一个榨汁器，它的造型是如此不同寻常，足以让人好奇心大发。当它的用途开始变得明朗化时，它给人的惊喜就更加强烈。

> 超越显而易见的需求和期望——为了满足让人惊讶和感觉新奇的这些标准，它只需要被做成明亮的橘黄色或者全木制。但是它远远超出了人们的期待或要求，因此已经完全蜕变成了另外一件物品。

引起本能的反应——它的造型首先会激起人们的好奇心，然后是困惑的情感反应，或许还有点恐惧，因为它看起来是那么的锋利和危险。

支持与个人目标相关的价值观或联系——它把日常的榨汁行为变成了一项特别的体验。它那新颖的理念、简洁优雅的外形以及性能，使人产生一种欣赏之情和据为己有的欲望，不仅仅想占有这件物品，而且还想占有它创造出的价值观，包括创新性、原创性、优雅和精致。它能呈现拥有者的许多特质，就如同它呈现了它的设计师的许多特质一样。

承诺实现目标——它承诺要把一项普通的行为变得不同寻常。同时它还承诺要把拥有者的地位提升到一个更高更雅致的层次，以彰显其品质。

引导那些漫不经心的观察者去发现更深层次的榨汁体验——尽管这个榨汁器并没有教给使用者关于果汁或者榨汁过程的新知识，但它确实给人一个启示，那就是日常生活中的普通事物也可以是有趣的，而且设计可以提升生活品质。它也教会人们可以去期待一些未曾期待过的奇迹——所有都是对未来生活的正面情感。

履行这些承诺——每次使用它的时候，它都提醒使用者它的优雅和设计理念。通过其性能，它实现了这些承诺，重新唤起与产品有关的最原始的情感。它还有一个作用，即引起拥有者与他人之间的惊喜和话题——这也是再一次支持并证实其价值的又一个契机。

无论上述关于这个榨汁器作为一件具有诱惑力的产品的分析是多么具有说服力，它仍然遗漏了一个重要的因素：进行解释的反思愉悦。这个榨汁器是有故事的，不论谁拥有它，都一定会对它加以炫耀、说明，或许还要当众示范一下它的用法。但是请注意，这款榨汁器并非真正用于压榨果汁。斯塔克曾经说过："我的榨汁器不是用来压榨柠檬汁的，它是用来打开话匣子的。"确实，我拥有的这个昂贵、带编号的特别周年庆版本（至少是镀金的），它上面附带的编号卡上就说明确标明："如果接触到任何酸性物质，镀金涂层可能会受到损坏。"

　　我花钱购买了一个价值不菲的榨汁器，但却不能用它来压榨果汁！在行为层次的设计上，它的得分为零。但是这又有什么关系呢？我骄傲地把这个榨汁器摆设在门廊处。它在本能层次设计上得一百分，在反思层次设计上也得一百分。（但我确实曾经用它榨过一次果汁——谁能抵挡得住它的诱惑呢？）

　　诱惑力是真实存在的。就拿图 4.6 中摆放在榨汁器旁边的良具治菜刀来说，与榨汁器主要用于摆设而非使用的目的不同，这款菜刀既好看又好用。它的平衡性很好，手感也不错，而且它比我曾经用过的任何其他菜刀都要锋利。确实很有诱惑力！我十分期盼在我做饭的时候用它来切菜，因为这些菜刀（我拥有三种不同的款式）满足了卡斯拉夫斯基和谢卓夫提出的关于诱惑力方面的所有要求。

音乐和其他声音

　　音乐在我们的情感生活中扮演着一个特殊的角色[16]。人们对节奏和韵律、旋律和曲调的反应是发自本能且持久不息的，在所有的社会和文化中都是如此。因此，它必定是人类进化传承过程中的一个组成部分，音乐当中的许多反应是在本能层次上与生俱来的。节奏与我们身体的自然节拍相连，快速的节奏适合拍打或前进，缓慢的节奏则适合步行或摇摆。舞蹈也是全人类共通的。缓慢的节奏和小调让人感觉悲伤，适合跳舞的轻快旋律则有着和谐的音调和相对平稳的音域，令人感觉愉快。恐惧则是用快速的节拍、不和谐的音色以及音量音调方面的急速变化来表现。整个大脑都参与其中——感知、行为、认知和情感：本能的、行为的和反思的。音乐的某些方面对所有人类而言都是共通的，但另一些方面则在不同的文化之间有着很大的差异。尽管音乐在神经科学和心理学方面的作用正被广泛研究，可是人们对其还是知之甚少。我们只知道，通过音乐生产的情感状态是全人类共通的，在所有文化中都非常相似。

　　当然，"音乐"一词包含了许多活动——作曲、演奏、聆听、歌唱、舞蹈。其中的一些活动，例如演奏、舞蹈和歌唱，显然属于行为层次。而另一些活动，譬如作曲和歌唱，则显然属于本能和反思层次。音乐体验可以是两个极端，其中一个极端是让人全身心沉浸其中深刻体验，另一个极端则是音乐只是作为背景在演奏，它不会引起人们有意识的关注。然而，尽管是在后一种情形下，人体自发的本能作用几乎一定会注意到音乐旋律和节奏上的结构，从而巧妙地、潜移默化地改变着聆听者的情感状态。

　　音乐对这三个层次的运作均有影响。对节奏、音调和声音感到悦耳是本能层次的反应；演奏及掌握各声部所产生的乐趣属于行为层次的反应；而对交错、重复、反向及转换的旋律谱线进行分析所带来的愉悦则属于反思层次的行为。对于听众而言，行为层次的乐趣是相差无几的；而反思层次的感染力则来自几种不同的方式。在某个层面，人们对某音乐作品的结构有着深刻的理解，或许甚至会联想到其他与之相关的音乐作品，这是乐评人、鉴赏家或学者们的音乐鉴赏层次。在另一个层面，音乐结构和歌词内容也许被设计为让人感觉欢欣、惊喜或者震惊。

　　最后，音乐具有一个重要的行为要素，因为人们要么是积极地投入到音乐的演奏中，要么是在同样积极地配合着歌唱或跳舞。即便只是作为听众的人也可以在行为层面上加入其中：哼唱、打拍子，或者是在内心里追随并预测乐曲接下来的内容。某些研究者认为，音乐既是一项动作行为，同时也是一项知觉行为，即使对听众来说亦然。此外，行为层次可以是有替代性的参入，就像看书的读者或电影观众一样（我将在本章的后续部分讨论这个主题）。

　　节奏是人类生理结构与生俱来的。人体中有许多节奏模式，而当中特别有趣的是与音乐节拍相关的部分：从每秒钟出现几次的动作到每个动作花费多少秒钟，亦即诸如心跳和呼吸等人体机能的范围。或许更重要的是，它也是散步、挥拳、交谈等身体活动的自然频率范畴。在这样的速率范围内，可以很容易地舞动四肢，但是要把这些动作做得更快一些或者更慢一些，却并非易事。正如时钟的节奏由它的钟摆长度决定一样，身体也可以通过收紧或放松肌肉的方式，调整活动四肢的有效长度，以调整它的自然节奏，从而使得它们的自然节奏与音乐的节奏相符。因此，在演奏音乐的过程中，整个身体能跟上音乐的节奏并非偶然。

所有文化在音乐的规模上都有所进展[17]，尽管它们不尽相同，但是都遵循着类似的基本结构。八度音阶与和谐及不和谐和弦的特性，有一部分来自物理方面，另一部分则来自内耳结构的特性。一组音乐序列要么实现要么破坏由其节奏及音调序列建立的预期，这种预期在情感状态的形成上起着主要的作用。相比之下，小调对我们的情感影响比大调要多，它常常代表悲伤或忧郁。主调结构、和弦选择、节奏和曲调等的组合，加之不断强化的张力和变化，都对我们的情感状态造成强大的影响。有时候这些影响是下意识的，譬如在电影中播放的背景音乐，尽管这些配乐都是为了唤起某种特定的情感状态而精心配制。有时候这些影响是有意识和故意的，例如当我们全神贯注地沉浸在音乐中时，让自己犹如身临其境一般，被音乐冲击所带动，在行为上被音乐节奏所撼动，在反思上则由内心形成的情感状态所产生的真实情感触动。

在我们从事毫不费劲的活动时，在疲倦的长途旅行中，在远距离步行时，在运动过程中或者纯粹地消磨时间时，我们都会用音乐来打发时间。很久以前，音乐还无法携带；在发明留声机之前，只有音乐家在场时人们才能欣赏到音乐。今天，我们可以随身携带音乐播放器，只要我们愿意，我们可以一天24小时都在听音乐。航空公司深知音乐的重要，因此，他们在每个座位上都配有多种风格的音乐供乘客自由选择设定。汽车内也装有收音机和音响。便携式设备也在不断增加，或许是小巧可爱便于携带的，也或许是内置在生产厂商认为你可能想要拥有的任何其他设备内：手表、首饰、手机、相机，甚至是工具（图4.7a与b）。一直以来，只要我家里需要进行什么建造工作，我都注意到工人们首先会拿出他们的音乐播放器，把它放在某个中央的位置，把播放器的音量调到最大，然后才拿出他们的工具、设备及材料。得伟（DeWALT），一家专门为建筑工人提供无线工具的生产厂家，注意到了这种现象，聪明地做出了回应，把收音机内置到蓄电池充电器内，从而把两种必需品合二为一地变成一个便于携带的盒子。

音乐的无处不在，说明了它在我们的情感生活中扮演着十分重要的角色。韵律、节奏和旋律对我们的情感来说，是必不可少的。音乐也有它在感官上或者性方面的暗示，基于这些原因，很多政治及宗教团体曾经试图禁止或钳制音乐和舞蹈。音乐是一种微妙而潜移默化地提升我们全天候的情感状态的强化剂。这就是它永远存在的原因，也是人们经常在商店、办公室和家里播放背景音乐的原因。每个地方都有适合自己风格的音乐：活力十足、令人振奋的节奏对于大部分的办公室（或殡仪馆）并不合适；悲伤、催人泪下的音乐也不适合于促进高效率的生产。

然而，音乐的问题在于它也可能让人厌烦——如果音量太大，如果它打扰四邻，或者如果它传递的意境与聆听者的期望或心情存在冲突的话。背景音乐是美好的，只要它一直处于背景位置。然而一旦它扰乱我们的思绪，音乐就不再是怡情之物，而变成了一个让人分心、惹人生气的障碍物。必须审慎运用音乐，因为它既可以怡情，也可以让人神伤。

不过如果说音乐可能令人心烦，那么今天那些具有干扰性质的哔哔声和嗡嗡声的电子设备又该怎么说呢？这些都是泛滥成灾的噪声污染。如果说音乐是正面情绪之源，那么电子声音就是负面情绪之源。

一开始是哔哔声。工程师想用信号来表示某些操作已经完成，因此他们就让设备发出一种简短的调子。结果，今天我们所有的设备都朝我们哔哔响个不停。无处不在的哔哔声让人烦不胜烦。唉，这些哔哔声让声音变得声名狼藉。不过，运用得当的话，声音仍然具有愉悦情感和丰富信息的

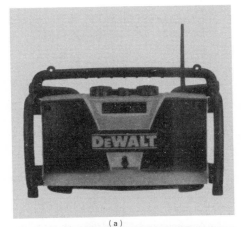

（a）

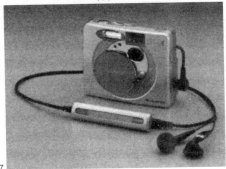

图4.7

（b）

音乐无处不在

在练习高尔夫球时，在给电池充电时，在照相时，或者在使用手机时，当然，还有在你开车、跑步、搭乘飞机，或者
是纯粹聆听音乐时。

图 a 显示的是供手提式工具使用的得伟（DeWALT）蓄电池充电器，配有内置的收音机；图 b 显示的是一款内置于数
码相机的 MP3 播放器。［图 a 由得伟工业工具有限公司（DeWALT Industrial Tool Co.）提供，图 b 由富士胶片美国公
司（Fujifilm USA）提供。请注意，此款式已经停产。］

双重效果。

自然的声音是最好的信息传播器：孩童的笑声、生气的声音、做工精良的汽车门关闭时发出的坚实的"锵"声、做工粗糙的门关上时发出的令人生厌的声音、把小石头扔进水里时发出的"扑通"声。

但是，现在有太多的电器会发出欠缺考虑、毫无乐感的声音。尽管这些令人讨厌的哔哔声或者其他令人不安的声音有时候是有用的，但大多数情况下，它们都让人感到不安、刺耳和烦躁。当我在厨房做饭时，切菜、剁肉、裹面包和煎炒这些愉快的动作不断被定时器、按键和其他构想拙劣的装置发出的哔哔声所打扰。如果我们打算让某些装置发出信号来表示它们的状态，那么为什么不能至少花一些注意力在那些信号的美感上，使它们听起来优美亲切，而不是尖锐刺耳呢？

要产生悦耳的调子而不是令人生厌的哔哔声并非不可能。图 4.8 中显示的水壶在水烧开时，会发出一种优美的和弦。双轮个人代步工具赛格威（Segway）的设计师[18] "对于赛格威随意车（Segway HT）的每个细节深深着迷，他们甚至将变速箱里的啮合齿轮设计为可以精确地发出两个八度音阶的声音——当赛格威随意车移动时，它发出的是音乐，而不是噪音。"

某些产品已经成功地将趣味性和信息性融合到它们的声音中。正因为如此，我的 Handspring Treo 掌上电脑型手机在启动时，会响起一种悦耳的三和弦上扬旋律，关闭时则会响起下降的旋律。这不但为相关操作已经顺利完成提供了有用的确认信息，而且也提供了一个欢快的小提示，让这个讨人喜欢的装置顺从地为我服务。

手机设计师也许是最早意识到可以改善他们的产品中刺耳的人工声音的群体。现在有些手机能发出丰富深厚的音乐铃声，让优美的调子取代了刺耳的铃声。而且，手机主人可以选择自己喜欢的铃声，让每个来电者都与一种独特的铃声关联起来。这对经常来电的人和朋友们来说格外有用。"当我听到这个调子的时候，我总会想起我的朋友，所以我把它设为他的来电铃声。"一位手机用户对我描述他如何为来电者选择合适的"来电铃声"时说道。令人愉快的调子设定给同样令人愉快的朋友，在情感上有特别意义的调子设定给有共同经历的人，伤感或愤怒的铃声留给悲伤或生气的人。

但是，即使在我们用悦耳的声音取代了刺耳的电子音之后，听觉方面还是有不尽如人意之处。一方面，毫无疑问，声音——无论是音乐或者其他声音——是一种有效的表达媒介，它可以表达快乐和情感暗示，甚至可以帮助记忆。另一方面，声音通过空气传播，在一定范围内均质地传给每个人，无论这个人对这个活动是否感兴趣：让手机主人深感满意的音乐铃声，对声音所达范围内的其他人来说，也许是一种干扰。眼睑可以为我们遮挡光线，唉，但是我们却没有耳睑这种东西！

身处公共场所——在市区街道上、公共交通系统中，或者甚至在家里——声音随时闯进我们的耳膜。电话当然是最糟糕的干扰源头之一。当人们大声说话以确保对方可以听到时，同时也让周围的人都听到了他们的声音。诚然，电话并不是唯一的干扰源，收音机、电视机，还有那些发出哔哔声或嗡嗡声的设备，也是产生干扰的源头。越来越多的设备都装配了嘈杂的风扇，因此，暖气和空调设备的风扇声音盖过了我们的谈话声，办公设备和家用电器的风扇也加深了人们的紧张感。当外出时，我们被头顶掠过的飞机声、汽车喇叭声和发动机声、卡车倒车的警告声、其他人大声播放的歌声、紧急报警器声，以及无处不在的刺耳的手机铃声轮番轰炸，往往就像在模仿一场音乐演奏会似的。在公共场合，我们还经常被公共广播声所打扰，一开始通常是完全没必要而令人厌烦的"请注意，请注意"，接下来则是只和某个人有关的通知内容。

这些声音的泛滥成灾实在是没有道理。很多手机都可以选择把铃声调到不惹人注意的振动模式，只让携带者感觉到，而不为其他人所知晓。依照图4.8中萨帕水壶或者赛格威的设计思路，必要的声音可以设计成旋律

图4.8

由理查德·萨帕（Richard Sapper）设计、阿莱西公司制造的会歌唱鸣笛的水壶

设计师花了相当大的努力使鸣笛产生"e"和"b"的和弦，或者，就如阿尔贝托·阿莱西描述的那样，鸣笛声是"从往来于莱茵河上的大轮船和驳船发出的声音中得到灵感的"。（阿莱西"9091"，1983年由理查德·萨帕设计，是一款带有优美笛声的水壶。图片提供：阿莱西公司）

优美的音乐。通过降低转速和加大扇叶的尺寸，降温或通风用的风扇也可以被设计得既安静又高效。大家都明白减少噪音的原理，但是遵循这个原理的人却并不多。在适当时机和地点的音乐是情感的强化剂，而噪音则是情绪压力的一个巨大来源。不受欢迎、不合心意的声音会令人产生焦虑感，也会导致负面的情感状态，并因此降低我们所有人的工作效率。其他形式的污染对环境带来的负面影响有多大，噪声污染给人们的情感生活带来的污染就有多大。

声音可以是好玩的、富含信息的、有趣的，并且在情感上振奋人心的。它可以使人高兴，可以传达信息，但它的设计必须像其他方面的设计一样认真谨慎。目前，人们在声音设计方面投入的考虑还很少，结果便是日常用品产生的声音让很多人厌烦，很少有人对此感到愉悦。

电影的诱惑力

所有戏剧艺术都致力于让观众在认知和情感上投入其中，因此，它们是探索愉悦的完美媒介。当我为写作本书进行研究时，我发现乔恩·布尔斯汀（Jon Boorstin）对电影的分析是运作的三个层次如何发挥影响的极佳范例。他于 1990 年出版的著作《好莱坞之眼：电影卖座的原因》（*The Hollywood Eye：What Makes Movies Work*）和我书中的分析简直是惊人地吻合，所以我一定要向大家道个明白。

布尔斯汀指出，电影在三个不同的情感层次上吸引着人们：本能的（visceral）、代入的（vicarious）和窥视的（voyeur），与我提出的本能的、行为的和反思的三个层次形成完美的呼应。让我先从电影的本能方面开始说起。布尔斯汀对电影这一方面的阐述与我的本能层次大致相同。事实上，因为两者是如此匹配，我甚至决定采用他的用语来替代我在之前的学术著作中使用的"反应的"（reactive）一词。"反应的设计"这个词并不能十分准确地表达我的意思，但是当我读过布尔斯汀的著作之后，我马上意识到"本能的设计"一词显然完美多了，至少对这个目的而言。（但我在学术著作里，仍然会使用"反应的设计"这个词语。）

"电影能唤起的激情[19]，"布尔斯汀说，"并非高尚情操，它们只是蜥蜴脑袋般的本能反应——动作的兴奋、摧毁的快感、强烈的情欲、嗜血的杀戮、恐惧的感觉、反感的情绪。你可以把它们称为感觉，但不是情感。更加复杂的感受需要移情反应的协助来产生，但是这些简单而强烈的驱动力肆意四散，不需任何媒介就扼住了我们的咽喉。"他把"《日落黄沙》（*The Wild Bunch*）中的慢动作厮杀、《变蝇人》（*The Fly*）中的异形，还有情色电影中的温柔挑逗"列为电影本能方面的例子。再加上《法国贩毒网》（*The French Connection*）（或任何其他经典的间谍片和侦探片）中的追逐、枪战、飞行、历险场面，当然还有恐怖片和异形片，你就能感受到典型的本能层次历险。

请注意音乐和灯光在电影中扮演的关键性角色：黑暗、令人毛骨悚然的场景和阴森、充满不祥预感的音乐。小调用于表达悲伤或不快乐，欢快活泼的旋律则用于表达正面的情感。明快的色彩和明亮的灯光与沉暗忧郁的色彩和灯光相对应，它们都发挥了各自对本能的影响。摄影角度也发挥着它的作用，如果镜头太远，观众就不再是亲身体验，而变成了间接观察；如果镜头太近，图像对直接影响而言又会显得太强。从高处俯视拍摄，场景中的人物会缩小一些；从低处仰角拍摄，演员们则会显得强大而气势雄伟。这些手法都是在潜意识层次上发挥作用。通常我们并不会察觉到导演和摄影师，为了操控我们的情感使用了这些技巧，处于本能层次的我们完全沉浸在影音画面当中。对技术上的任何觉悟都在反思层次发生，并且会分散本能层次的注意力。实际上，评论电影的唯一方法就是使自己变得超然，从本能反应中挣脱出来，并能够考虑技巧、灯光、摄影机镜头的角度和移动。要在分析电影的同时享受观赏电影的乐趣是很困难的。

布尔斯汀的"代入的"层次与我的"行为的"层次相呼应。"代入的"一词之所以恰当，是因为观众并不是直接参与到电影描述的活动中，而只是观赏和察看。如果电影制作精良，那么他们可以犹如身临其境般享受这些活动，并且可以感同身受地体验它们。正如布尔斯汀所说："代入性的眼睛把我们的心放进演员的身体内[20]：我们能感他们所感，但是我们为自己作判断。与真实生活中的关系不同，在这里我们可以信心满满地把自己的位置拱手让给别人，因为我们相信一切尽在自己掌握之中。"

如果说本能层次能抓住观众的直觉，促使其发生自动反应，那么代入层次则是让观众把自己融入到电影故事和情感线索中。在正常情况下，情感的行为层次是由个人活动激发出来的，这是行为和表演的层次。就电影而言，观众是被动地坐在电影院里，代入性地体验电影中的活动。虽然如此，代入性体验可以在同样的情感系统中发生。

讲述故事的力量、剧本的力量和演员的力量把观众带到虚构的世界中。这就是英国诗人塞穆尔·泰勒·柯勒律治称之为诗歌精髓的"自愿终止怀疑"。你被里面的故事吸引和俘虏，对电影中的情景和角色产生认同感。当你全情投入到电影中的时候，你会感觉到世界逐渐消失，时间似乎静止了，而你的身体进入了被社会科学家米哈里·塞克斯哈里[21]称之为"心流"的状态中。

塞克斯哈里提出的心流状态是一种特殊的、超然的意识状态。在此状态中，你只能感知到当时的时刻、当前的活动和极度的快感。它几乎可以在任何活动中产生：需要技巧的工作、运动、电动游戏、棋盘游戏，或者任何需要聚精会神的活动。你可以在电影院里、在阅读时，或者在紧张地解决问题时体验到。

促使心流产生的必需条件包括，不分心、活动的步调正好与你的技能相匹配，以及它的难度稍微高于你的能力。活动的难度必须刚好处于你能力的临界点：难度过高的话，任务会变得令人沮丧；难度太低又会变得无趣。当时的情况必须让你把全部的精神力量都投入其中。精神的高度集中使得外界的干扰逐渐弱化，并且让时间感也消失了。它是紧张的、使人筋疲力尽的、富有成效的和令人振奋的。难怪塞克斯哈里和他的工作伙伴们，花费那么多时间精力在探索心流现象的多种表现形式上。

电影在本能层次取得成功的关键在于，心流状态的发展和维持。它的节奏必须是恰当的，这样才能避免产生挫败感或乏味感。如果一个人要真正进入心流状态，就不能有任何可能分散其注意力的干扰物或分心物。当我们把电影或其他娱乐项目称为"逃避现实的东西"时，我们指的是代入状态的能力和情感的行为层次让人们从真实生活的烦扰中挣脱出来，并将他们带进某个另外的世界。

窥视的层次即是智慧的层次，指人们退居后方进行反思和观察，对某种体验加以评论和思考。角色和故事的深度和复杂性、电影想要传达的隐喻和类比，共同产生了比表面看来更深刻、更丰富的含义。"窥视者（voyeur）的眼睛，"布尔斯汀说，"是智慧之眼，而非心灵之眼"。

"窥视者"一词[22]经常用于形容对感官或性感对象的观察，但这不是他在这里想要表达的意思。布尔斯汀解释道，使用"窥视者"这个词，他指的"并不是性方面的怪癖，而是《韦氏词典》的第二个定义：窥视者是'爱打听的观察者'。窥视者的快乐源自看到新奇事物的纯粹乐趣。"

窥视者之眼渴求[23]对事物进行诠释，这就是认知、理解和诠释的层次。正如布尔斯汀指出的那样，代入式经验可以有很大出入，但是窥视者的眼睛一直在观察、思考，因而既具逻辑性又具反思性："我们中的窥视者会合理地对待错误、厌烦、吹毛求疵、咬文嚼字，不过若要给予适当的尊重，就应该提供全新的场景或经过深思熟虑的故事，从而让其产生特殊的愉悦感。"当然，窥视者同样可能产生情感忧虑。窥视者很清楚坏人正躲在暗处，等待着英雄的出现，而这个陷阱看起来似乎无法逃脱，因而英雄即将面对死亡，或至少是痛苦和折磨。这种层次的刺激感需要一个善于思考的头脑，当然，还有懂得演绎上述猜想的聪明导演。

但是，正如布尔斯汀所言，窥视者的批评可以毁掉一部完美的电影：

> 它可以用最俗套的关注毁掉最戏剧性的时刻[24]："他们在哪里？"
> "她怎么上车的？""枪从哪里来的？""他们怎么不报警？""他已经用
> 了六发子弹，怎么还在开枪啊？""他们不可能及时赶到那里的！"为
> 了使电影卖座，一定要安抚窥视者的眼睛；而为了使电影众口皆碑，
> 一定要迷醉窥视者的眼睛。

窥视者的电影就是反思式电影，例如《2001 太空漫游》（*2001：ASpace Odyssey*），它除了一段冗长的内心独白片段外，都是在知性主义中使人感到精神麻木，几乎全然是一次反思体验。《公民凯恩》（*Citizen Kane*）是一个极好的例子，它既是一个使人入迷的故事，又能给窥视者带来喜悦。

正如我们的体验不能简洁地被划分为本能、行为或反思中的单一类别，电影也不能简单地被归入以下三种中的任何一种：本能的、代入的或窥视的。实际上，大多数体验和大部分电影都跨越了三者的界限。

最好的产品和最棒的电影应该恰如其分地在三种形式的情感影响之中取得平衡。如布尔斯汀所说，尽管《豪勇七蛟龙》（*The Magnificent Seven*）讲述的是"七个年轻人把一座小镇从强盗手中拯救出来"，但如果故事想表达的仅仅如此，它就不会成为这样一部经典作品。这部电影就像黑泽明导演的《七武士》（*Shichinin no Samurai*）一样，都是以 1954 年的日本生活为开端。在日本，它是关于七位受雇用的武士从穷凶极恶的盗贼手中拯救了一个小村庄的故事。1960 年，约翰·斯特奇斯（John Sturges）将其重拍成《豪勇七蛟龙》这部美国西部片，两部电影都遵循了同样的故事情节（尽管许多电影爱好者更喜欢原著，其实两部电影都很优秀）。此外，两部电影都成功地以三种形式俘虏了观众：美丽动人的感官场景、引人入胜的代入式故事、足够的深度和隐喻暗示以满足具有反思性的窥视者。

声音、色彩和灯光也发挥着重要的作用。在最佳情况下，它们可以在不被察觉的情形下加深人们的感受。从表面看来，背景音乐有点奇怪，因为即使在所谓的写实电影中也会播放背景音乐，而我们日常的真实生活中并没有配乐。纯粹主义者会嘲笑电影使用音乐，然而，要是省去了音乐，电影效果就会变差。音乐仿佛可以调节我们的情感系统，增强各层次投入的感受：本能的、代入的和窥视的。

灯光可以增强感受。尽管现今大部分电影都以彩色拍摄，但导演和摄影师仍然可以通过灯光的风格和颜色，戏剧性地影响电影。明亮的原色是一种极端，还有以柔和的色调或朦胧的灯光映衬的场景；另一个极端是选择不使用颜色，而拍成黑白电影。尽管已经很少使用，黑白却可以表达出与彩色截然不同的强烈戏剧效果。在黑白电影中，电影摄影师可以巧妙地运用对比——明与暗，以及微妙的灰色——来传达影像的情感基调。

电影制作的工艺跨越了多个领域，电影中的所有元素共同创造出一部与众不同的电影：故事情节、步调和节奏、音乐、镜头取景、编辑、摄影机的位置和移动。所有这些加起来就形成了一次紧凑复杂的体验。如果对此作一次全面的分析，可以编写出许多本书，而事实上，已经有许多关于这方面的著作了。

然而，只有当观众没有注意到这些因素时，才代表着它们都发挥出了最好的效果。《缺席的人》（*The Man Who Wasn't There*，由科恩兄弟编导）被拍成了黑白电影，对此，电影摄影师罗杰·迪金斯表示，他希望拍成黑白而不是彩色电影，以免观众从故事中分心。然而，很遗憾，他深陷于单色影像的力量。这部电影有着让人惊讶的华丽镜头和强烈的明暗对比，在某些场景还有壮观的逆光，这些都是我在观看电影时注意到的元素。这是电影的大忌——如果你注意到这些的话，那就太糟糕了。注意会发生在反思（窥视者的）层次，让你不能专注于电影里的悬念，而在行为（代入的）层次上完全被心流所吸引是非常重要的。

《缺席的人》的故事情节和引人入胜的铺陈增强了这部电影的乐趣，但是，对摄影技术的关注会让观众在心里评价（"他怎么做到的?""看看那华丽的灯光"等），结果就会打断窥视者的愉悦，使得代入式愉悦失去踪影。是的，你应该可以在之后回顾一下，并对电影的制作手法感到惊讶，但是这不应该强加于体验本身。

视频游戏

睡过头了，但是 8 点就要开始工作[25]。在车子来到之前，只有迅速喝一杯咖啡的时间。厨房脏得令人作呕，昨天晚上的小型聚会后还没有打扫干净。得洗个澡，但是没有时间了。（浴室的洗手盆裂了，水流得满地都是，可是我还没空修理。）上班迟到，衣冠不整，结果被降职了。5 点回到家，收款员马上出现，并且中断了我的电视信号，因为我忘记缴费了。我的女朋友不答理我了，因为她看到我昨天晚上跟邻居调情了。

你发现这段引文是一款视频游戏的说明吗？它不仅感觉像是现实生活，而且还是糟糕的生活。为什么有人觉得它是一款游戏呢？游戏不应该是有趣的吗？没错，它不仅是一款游戏的说明，而且还是一款名为"模拟人生"（The Sims）的畅销游戏。该款游戏的发明者和设计师威尔·赖特（Will Wright）解释说，这是游戏角色生活中典型的一天，刚入门的玩家就是这样展开游戏的。

"模拟人生"是一款模拟世界的互动游戏，也叫作"上帝"，有时候叫作"模拟生活"（simulated life）。玩家像上帝一样创造角色，用房子、设备和活动来丰富他们的世界。在这款游戏中，玩家不会控制游戏角色要做什么，而是设定环境和做出重要决策。尽管游戏角色必须在玩家建立的环境和规则中生活，但是他们可以控制自己的生活。结果是这些角色所做的事情往往不是他们的上帝想要他们做的。引文便是其中一个例子，讲述了游戏角色不能应付他的上帝所创造的世界。但是赖特也表示，随着玩家创造世界的技术不断提高，游戏角色也许可以在每天结束的时刻"在泳池边呷着薄荷朱利酒"。

赖特是这样解释这个问题的：

"模拟人生"的确只是一个关于生活的游戏，大多数人不会意识到有多少策略性思考渗入到日常生活的分分秒秒之中。我们对此见怪不怪，它像是背景任务一样融入了我们的潜意识中。然而，你所做出的每个决定（从哪扇门进去？去哪里吃午饭？什么时候睡觉？）都经过了某些层面的考虑，以充分利用某些事物（时间、快乐、舒适）。这个游戏就是展现了这个心理过程，使其外部化和可视化。玩家通常做的第一件事就是重建他们的家庭、住宅和朋友。然后，他们会进行一场关于自己的游戏，类似于一个反映他们自己生活的奇妙的超现实镜子。

游戏是一种普通的活动，许多动物都会玩游戏，当然包括我们人类。游戏有许多目的，它也许是练习多种日后生活技能的好方法；它能帮助孩子培养活跃于社会群体所需的合作和竞争的综合能力。对动物而言，游戏能帮助它们提升生存技能。竞赛比游戏更具组织性，通常都有正式或至少约定俗成的规则，并且带有某种目的，通常还制订了评分机制。因此，竞赛往往具有竞争性，会分出优胜者和失败者。

相比起竞赛，运动则具有更正式的组织性，观众和运动员都更为专业。因此，对于观赏运动的分析有点类似于电影，这是一种代入式和窥视式的体验。

在各种各样的游戏、竞赛和运动中，也许最令人兴奋的新发展就是视频游戏。这是一种新型的娱乐方式：文学、电影、玩游戏、运动、互动式小说、说故事——所有这些都包含其中，但又远远不只这些。

视频游戏曾经被认为[26]是十几岁的男孩不用动脑子的休闲活动。不过，这样的想法已不复存在。现在，世界各地的人都在玩，其中包括美国一半以上的人口。从孩子到成人，玩家的平均年龄大约是 30 岁，男性和女性各占一半。视频游戏可以分为多种类型。马克·沃尔夫在《视频游戏大全》[27]（*The Medium of the Video Game*）中列出了 42 种不同类别的游戏：

抽象、改编、冒险、虚拟生活、棋盘游戏、抓捕、纸牌游戏、捕捉、追击、收集、格斗、演示、诊断、闪避、驾驶、教育、逃跑、战斗、飞行、赌博、互动式电影、模拟管理、迷宫、障碍赛、纸笔游戏、弹珠机、平台游戏、程序游戏、拼图、问答比赛、赛车、角色扮演、韵律和舞蹈、枪战电影、模拟、运动、战略、桌面游戏、射击、谜语、模拟训练和多用途游戏。

视频游戏是互动式故事和娱乐的混合体。在 21 世纪，视频游戏有望发展成为完全不同的娱乐、运动、培训和教育方式。很多游戏都是非常初级的，只是让玩家扮演某个需要快速反应的角色——有时候则需要极高耐性——越过一系列固定的障碍，以获得升级，从而取得某个游戏总分或完成某个简单的任务（譬如"拯救被困的公主和她的王国"）。但是，现在游戏的故事情节变得越来越复杂和真实，要求玩家作出更具反思性和认知性、更少本能性的快速运动反应。图像和声音变得非常出色，模拟游戏甚至可以用于真实训练：无论是驾驶飞机、控制铁路系统，还是驾驶赛车或汽车。（最精密的视频游戏是航空公司使用的全动感飞行模拟器，它极其精确，让飞行员能在没有驾驶过真实的飞机之前就通过了驾驶客机的测试。但是，不要将它们称做"游戏"，因为它们都需要严肃对待，有些甚至像飞机一样昂贵。）

现在，视频游戏的销售量逐渐逼近电影的票房收入，甚至在某些情况下已经超过了，而实际上我们仍处于视频游戏的早期发展阶段。试想一下，10 年或 20 年后它们会是什么样子。在互动式游戏中，故事如何发展既取决于你的行动，也取决于作者（设计师）设定的情节。将之与电影相对比，你当然无法控制电影里的故事发展，其结果就是经验丰富的游戏玩家会怀念控制游戏的感觉，他们会觉得自己"被迫观看单向的情节"。而且，游戏中的参与感和心流状态都比大部分电影更为强烈。在电影里，你坐在远处观看故事情节的展开；而在视频游戏中，你则是活跃的参与者，是故事的一部分，它直接发生在你身上。正如克林·肯伯格（Verlyn Klinken-borg）所说[28]："玩游戏时跨过一扇门进入另一个世界的这种本能感觉，成为了视频游戏发展的基础。

　　视频游戏互动、控制的部分不一定比更为严谨且形式固定的图书、戏剧和电影更优秀。而是说，我们可以有不同类型的体验，两者都值得追求。固定的形式让会讲故事的高手可以控制事件，通过细致的铺排引导你体验这些故事，谨慎地操纵你的思想和情绪，直到故事走向高潮，并且问题得到解决。你完全自愿地臣服于这样的体验，不仅享受到乐趣，还学习到可能关于生活、社会和人性的经验。在视频游戏中，你是一名积极的参与者，因此每次的经历可能有所不同——可能在某次经历中觉得乏味、厌烦、挫败；而在另一次经历中觉得兴奋、爽快、收获丰富。每次学习到的经验会有所不同，这取决于事件发生的确切顺序，以及你是否可以成功通关。显然，图书和电影在社会上占据了一个永恒的地位，而游戏、电视或其他东西也一样。

　　图书、戏剧、电影和游戏都有固定的时间性：有一个开始，然后是结局。生活则不是这样。当然，出生意味着开始，死亡则是终结，但是，从每天生活的角度来看，生活在不断进行中。即使你在睡觉或是旅行，它都在继续着，生活无法逃避。当你离开后再返回时，你会发现在你离开后已经发生了变化（特别是当你离开的那段时间无法通过短信、邮件或电话取得联系时）。视频游戏变得越来越像人生了。

以前视频游戏只是由单个玩家参与，这始终是一种可行的类型；但是，现在视频游戏渐渐地涉及群体，有时甚至遍布世界各地，玩家通过电脑网络进行沟通。有些是在线即时活动，例如运动、游戏、聊天、娱乐、音乐和艺术；而有些则是环境游戏，充满着人、家庭、家属和社区的虚拟世界。在这些游戏中，即使你这位玩家离线，生活依然继续进行。

有些游戏已经试图向他们的人类玩家伸出求助之手。如果你这位玩家在"上帝"游戏中建立了一个家庭，并且在一段时间里（可能是数月甚至数年），培养你所创造的角色，那么当一名家庭成员在你睡觉、工作、上学或游戏时需要帮助，会发生什么事呢？如果问题十分严重，你在游戏中的家庭成员会像现实生活中的家庭成员那么做：通过电话、传真、邮件或任何可行的方式联系你。有一天甚至可能联系你的朋友求助。因此，如果一位同事在重要的商务会议上打断你，告诉你游戏中的角色遇到麻烦，急需你的帮忙，你千万别感到意外。

是的，视频游戏是娱乐活动中一个让人兴奋的新发展，但是，它们可能会演变成远远超出娱乐的活动，虚拟世界可能不再与真实生活有明显的差别。

注解：

1. "麻省理工学院媒体实验室的石井裕教授忙进忙出"：请访问以下网站了解石井的工作，http://tangible.media.mit.edu/index.html，这里介绍了各种瓶子。石井、马扎雷克和李，2001；马扎雷克、伍德和石井，2001。

2. "试想一下，在一群鱼儿上打乒乓球"：石井、威斯内斯基、欧班斯、珍和帕拉迪索，1999。

3. "乐趣学"：布莱思、奥维贝克、蒙克和赖特，2003。

4. "厨师……自然会很失望"：荣久庵，1998，第18页。

5. "崇尚轻盈简便的美感"：荣久庵，1998，第 78～81 页。

6. "有关'正面心理学'和'幸福'方面的文章和图书日渐流行"：卡尼曼、狄纳和施瓦茨，1999；塞利格曼和塞克斯哈里，2000；斯奈德和洛佩兹，2001。

7. "正面情绪可以拓宽人们思想——行为的运作"：弗里德里克森和乔依纳，2002。另外，该引文以弗里德里克森关于读者的其他谈话结束，弗里德里克森，1998，2000。

8. "《情感化的品牌》一书"：科比，2001。

9. "帕特里克·乔丹在书中以莱昂内尔·泰格的著作为基础"：乔丹，2000；泰格，1992。

10. "他拿起那把锤子然后把它吃掉"：请参看科尔森、金和库塔斯 1998 年的研究，不过我虚构的这个例子并非出自该研究。

11. "模式 134：禅的观看"：亚历山大、石川和西尔弗斯坦，1977，第 641～643 页。

12. "一个佛教高僧的寓言故事"：感谢麦克·斯通（www.yawp.com）提醒我这个寓言故事，对这个寓言故事的引用描述出自他的讨论小组帖文。

13. "设计方面的诱人魅力"：卡斯拉夫斯基和谢卓夫，1999，第 45 页。

14. "餐巾纸上"与榨汁器的"作者藏品"：阿莱西，2000。

15. "幸好，卡斯拉夫斯基和谢卓夫已经为我做了以下分析"：这句长长的引文出自卡斯拉夫斯基和谢卓夫写于 1999 年的《画像 1》，第 47 页，1999，计算机协会批准再版，我重新铺排过这段话，但用语是一样的。

16. "音乐在我们的情感生活中扮演着一个特殊的角色"：对这些问题的绝妙评论出自昆曼索，2002，第 46 页。

17. "所有文化在音乐的规模上都有所进展"：这部分出自昆曼索（2002）和迈耶的文章，1956，第 67 页。

18. "赛格威的设计师"和"赛格威个人代步工具"的描述性材料：出自 Amazon. com 网站，2002 年 12 月。此外，还有与赛格威发明者迪安·卡门的私人谈话，2003 年 2 月 25 日。

19. "电影能唤起的激情"：布尔斯汀，1990，第 110 页。

20. "代入性的眼睛把我们的心放进演员的身体内"：布尔斯汀，1990，第 110 页。

21. "社会科学家米哈里·塞克斯哈里"：塞克斯哈里，1990。

22. "'窥视者'一词"：布尔斯汀，1990，第12页。

23. "窥视者之眼渴求"：布尔斯汀，1990，第13、61和67页。

24. "毁掉最戏剧性的时刻"：布尔斯汀，1990，第13页。

25. "睡过头了，但是8点就要开始工作"：出自Amazon.com网站计算机游戏编辑麦克·费劳尔访问"模拟人生"的游戏开发者威尔·赖特的采访内容，http://www.playcenter.com/PC_Games/interviews/will_wright_the_sims.html。

26. "视频游戏曾经被认为"：肯伯格，2002。

27. "在《视频游戏大全》中"：沃尔夫，2001，目录清单摘自http://www.robinlionheart.com/gamedev/genres.xhtml。

28. "正如克林·肯伯格所说"：肯伯格，2002。

第五章

人物、地点、事件

"哎哟，可怜的椅子把球给掉了，又不想让别人发现。"图片 5.1 中的椅子对我来说，最有趣的是看到这张"可怜的椅子"时，我的反应完全是感性的。当然，我不相信椅子有生命或头脑，更不用说感觉和信念了。然而，它确实伸出了脚，并且希望没有人注意。到底是怎么一回事？

这就是我们意图从任何事物——无论有生命与否——读出情感反馈的一个例子。我们是社会性的动物，在生理上做好了与他人互动的准备，而这种互动的本质很大程度上取决于我们理解他人感受的能力。面部感情和身体语言都是自发的，是我们情感状态的间接影响结果，在某种程度上是因为情感与行为的联系十分密切。一旦情感系统启动我们的肌肉准备做出动作，其他人就可以从我们的紧张或放松程度、脸部变化、四肢移动状况——简而言之，就是身体语言——来揣摩我们的心理状态。经过数百万年的进化，理解别人的能力已经演变成我们生物遗传的一部分。因而，我们可以轻易地察觉其他人的情感状态，感知任何近似生命的事物。所以，我们对图片 5.1 的反应就是：这张椅子的姿势很抢眼。

我们人类已经进化到可以诠释最微妙的提示，当我们跟别人打交道时，这种能力非常有用，甚至跟动物相处时也十分有用。因此，我们往往可以诠释动物的情感状态，同时它们也可以诠释我们的情感状态。这可能是因为我们的面部表情、手势和身体姿势拥有相同的起源。对于无生命物体的人性化诠释可能看起来很古怪，但是这种本能来自相同的来源——我们的自发性诠释机制。我们会诠释所经历过的任何事物，其中大多数使用人性化用语。这就叫作拟人化，将人类的动机、信仰和感情赋予动物和无生命物体身上。事物展现的行为越多，我们就越容易会那么做。我们通常都会将动物拟人化，尤其是我们的宠物；也会将玩具拟人化，例如洋娃娃；还有我们用来相互交流的东西，例如电脑、设备和汽车。我们把网球拍、球和手工工具视作有生命的，当它们干得不错时就会口头称赞它们，当它们的表现不如我们所期望时，就会责备它们。

图5.1

哎呀！哎哟，可怜的椅子

它的球掉了，不想让别人知道！看，它悄悄地伸出脚，想在人们发现之前把球拿回来。（伦威克画廊；图片提供：家具师杰克·克雷斯）

拜伦·李维斯（Byron Reeves）和克利福德·纳斯（Clifford Nass）[1] 通过多次实验证明——正如他们著作的副标题所写的那样——"人们对待电脑、电视和新媒体的方式多么像对待真实的人物和场所"。福格（B. J. Fogg）在《说服性科技》（*Persuasive Technology*）一书里讲述了人们如何[2]"把电脑视作社会行为人"，并以此作为有关章节的标题。福格提出了五种主要社交提示，被人们用来推断与他们相互交流中的人或物：

> 身体的（Physical）：脸部、眼睛、身体、动作
>
> 心理的（Psychological）：偏好、幽默、性格、感情、移情、"对不起"
>
> 语言（Language）：互动语言的运用、口语、语言识别
>
> 社会动力学（Social Dynamics）：轮换、合作、表扬优秀工作、回答问题、互惠
>
> 社会角色（Social Roles）：医生、队友、对手、老师、宠物、向导

对于图 5.1 中的椅子，我们屈服于身体层面。至于电脑，我们常常关注社会动力学层面（或者最常见的情况是，不合适的社会动力学）。基本上，如果某事物与我们产生互动，我们就会对该互动加以诠释；通过身体动作、语言、轮换和常规应答，它对我们做出的反应越强烈，我们就越有可能将它视作社会行为人。上述清单适用于所有事物，包括人类或动物、生物或无生命物体。

请注意，我们在推断椅子的心理意图时，并没有任何事实基础，我们对动物或他人也一样。我们并没有比接近动物或椅子的思想更为接近另一个的思想。我们对别人的判断纯属基于观察和推断而得出的个人诠释，比起让我们对"可怜的椅子"产生怜悯之情来说，真的没有什么不同。

事实上，对于我们的思维运作，我们并没有掌握太多信息，只有反思层次是有意识的：我们大多数的动机、信念和感觉都在本能和行为层次潜意识地运作。反思层次在想方设法理解潜意识的动作和行为，但事实上，

我们的大多数行为是潜意识和不可知的。因此，当遇到问题时，我们需要他人的帮助，需要精神病医生、心理学家和分析家。也因此，才有了西格蒙德·弗洛伊德（Sigmund Freud）对本我、自我、超我这一具有划时代性的深刻描述。

我们就是以这样的方式进行诠释，经过数千年甚至数百万年的进化，我们用以表达情感的肌肉系统，以及用以诠释他人的感知系统都得到了进化。同时，这样的诠释还产生了情感判断和移情作用。我们诠释情感，我们也表达情感。然后，我们由此确定被诠释的对象是伤心还是开心、生气还是冷静、卑鄙还是窘迫。反过来，我们会因为对别人的诠释而变得情绪化。我们不能控制这些最初的诠释，因为这都是自发性的、建立于本能层次的。尽管这些最初的印象都是潜意识的和自发产生的，但是我们可以通过反思分析控制最终产生的情绪。然而，更重要的是，正是这样的行为润滑了社会互动的齿轮，让其能够正常运转。

设计师们请注意，人类总是想把事物拟人化，把人类的情感和信仰投射到所有事物上。一方面，拟人化的回应可以给产品使用者带来极大的快乐和喜悦。如果每方面都运作正常，满足使用者的期望，情感系统就会发出正面的回应，给使用者带来喜悦感。同样，如果设计本身既优雅又漂亮，或者既好玩又有趣，情感系统也会发出正面的回应。在这两种情况下，我们认为是产品让我们感到喜悦，因此我们会赞美它，在极端的情况下，我们甚至会在情感上强烈地依赖它。但是，当行为受到挫败时，系统开始产生反抗情绪，拒绝正常行事，结果就会产生负面影响，譬如生气或甚至是愤怒。这时，我们就会埋怨产品。为人与产品之间设计出愉悦、有效的互动的原理，跟在人与人之间建立愉悦、有效的互动如出一辙。

责备没有生命的物品

一开始只是有一点点厌烦[3]，接着是浑身不舒服并且手心开始冒汗。很快你就会捶打你的电脑或朝你的屏幕大叫，最后你可能把坐在旁边的人痛打一顿才罢休。

——报纸上刊登的文章《电脑狂躁症》

我们许多人都经历过引文中描述的电脑狂躁症。电脑确实可以让人发怒，但是为什么呢？还有，我们为什么会对着没有生命的物品发火呢？电脑——或者是任何类似的机器——并不会生气；机器不会有任何意图，至少目前没有。我们之所以生气，是因为我们自己的思维方式。对我们而言，我们所做的每件事都是正确的，因此如果出现不恰当的现象，那就是电脑的错。这里，找电脑麻烦的"我们"来自头脑的反思层次，属于观察层面，并据此传递出判断。负面判断带来负面情绪，而这种情绪又再次使判断火上加油。做出判断的系统——也就是认知——与情感系统紧密相连：它们相互影响，相互刺激。一个问题拖延得越久，情况就会越糟糕。轻微的不愉快会转变成强烈的不满，而这种不满又会转变成生气，最后生气再转变成愤怒。

请注意，当我们对电脑生气时，我们实际上是在推卸过失。"责备"及其反义词"赞扬"都是社会性的判断，用于确定责任归属。相比起从设计良好或设计拙劣的产品得到愉悦或不满，这需要更复杂的情感评价。只有我们把机器视为一个非预谋的动因，就像它可以做决定一样，换句话说就是把机器拟人化，这样才会出现责怪或赞扬的情感。

怎么会发生这样的事情呢？无论是从本能层次还是行为层次，都无法确定其因由。理解、诠释和寻找原因、确认因由，这些都是反思层次的责任。我们大部分丰富深刻的情感都是在我们找出事情的缘由之后产生的。这些情感就是源自反思，例如，希望和焦虑是两种比较简单的情感，希望来自对某个正面结果的预期，焦虑则来自对负面结果的预期。如果你感到焦虑，但是预期的负面结果没有发生，你就会产生解脱的感觉。如果你期待发生正面的事情，你就会充满希望，如果它没有发生，你就会觉得失望。

到目前为止，这些都比较简单，但是假设由你——更准确地说，由你的反思层次——来决定是谁的过错呢？那么，我们就会被卷入更复杂的情感中[4]。这究竟是谁的过错？当结果是负面的，而你又受到责备，你就会感到懊悔、生自己的气和羞愧。如果你责备其他人，你就会感到生气和失望。

当结果是正面的并且你得到了赞扬时，你会觉得骄傲和自满；当功劳属于其他人的时候，你会表示感激和钦佩。请注意情感如何反映我们与他人的互动。感情和情绪组成了复杂的系统，其中涉及三个层次，其中最复杂的情绪就是反思层次如何确定事情的起因。因此，反思是情绪认知基础的核心。重要的是，这些情绪同样适用于人和物，为什么不呢？为什么生命体和无生命体会有区别呢？你根据之前的经验设定期望值，如果与你互动的物品没有产生预期的效果，就违背了你的信任，你会责备它，而且很快还会生它的气。

合作依赖于信任。为了使一个团队有效工作，每个人都要依靠其他队员按照既定目标行事。除此之外，信任的建立是很复杂的，它涉及含蓄和明晰的期望，然后是传达明确的意图和清楚的显示迹象。当有人不能如期望般实现目标时，是否会破坏信任将取决于当时的情况以及哪一方会受到责备。

我们之所以会信任简单机器，只不过是因为它们操作简单，并且符合我们的期望。是的，支架或刀片可能会意外折断，但这是小物品可能出现的最严重的过错了。复杂的机械装置则可能在更多方面发生故障，面对汽车、商店设备或其他复杂机器的过失，许多人会喜欢——或者痛恨——这些东西。

谈到缺乏信任，最惹人生气的莫过于现在这些电子设备，尤其是电脑（尽管手机正迅猛发展）。目前的问题在于，你不知道应该期待什么。制造商承诺实现各种各样奇妙的功能，但实际上，技术和它的运作情况是看不见的，它们神秘地隐藏于我们看不到的地方，而且常常是反复多变、神秘莫测，有时候甚至是自相矛盾的。没有任何方法了解它们如何运作和操作的内容，这会让人觉得无法掌控，而且常常会感到失望。最后，信任变成了愤怒。

我认为，我们对现代科技发脾气是有道理的。它可能是我们的情感和情绪系统的自发性产物，它可能不理智，但这又如何？这是很恰当的反应。这是电脑的过错，还是电脑里软件的过错？这真的是软件的错，还是那些程序设计师忽视了我们的真正需求？作为这项科技的使用者，我们不在乎这些，我们在意的是它妨碍了我们的生活。这是"他们的错"，"他们"是指关于电脑发展的所有人和物。毕竟，这些电脑系统没有很好地累积大家的信任感。它们会丢失文件和死机，而且常常没有明显的原因。此外，它们还毫不羞愧和自责。它们不会道歉，也不会说抱歉。更过分的是，它们似乎在责备我们这些毫不知情的可怜用户。谁是"它们"？这有关系吗？我们被激怒了，而这是合理的反应。

信任和设计

对于我那把 10 英寸的三叉牌（Wüsthof）厨刀[5]，我可以絮絮叨叨地谈论它的手感和美感，但是经过进一步反思，我想我的情感依恋主要是基于切身体验所带来的信任感。

我知道无论我要切什么，我的厨刀都游刃有余。它不会从我的手中滑落，无论我用多大的力气，刀刃都不会折断。它异常锋利，足以切断骨头，它也不会毁了我打算用来招待客人的食物。我讨厌在别人的厨房里做饭和使用他们的刀具，即使它们的质量很好。

这是一件耐用品，意味着我一生中只需要购买一到两次厨刀。我购买它的时候觉得它还不错，但是我的情感依恋会随着时间的推移、随着千百次的持续正面体验而慢慢增长。这件物品成为了我的朋友。

我收到人们关于学会喜爱或厌恶一种产品的许多回复，以上是其中一个例子，它生动地说明了信任的重要性、力量和属性。信任具有几个特性：信赖、信心和正直。信任意味着一个人可以依赖一种值得信任的系统，它可以准确地按预期完成任务。信任意味着正直诚实，对人来说，就是性格；而对于人造设备来说，信任就是用它来反复多次、可靠地完成任务。不过，事实远不只这样。尤其是对我们信任的系统，我们会抱有很高的期望：我们希望它们"准确地按预期完成任务"，当然，这就意味着我们已经设定了特定的期望。这些期望有多个来源：首先是促使我们买这项产品的广告和推荐；其次是自从我们购买它之后，它一直表现出来的可靠性；还有一点，或许也是最重要的一点，就是我们对该产品所建立的概念模型。

你对产品或服务所建立的概念模型和你接收到的反馈信息，对建立和维持信任至关重要。正如我在第三章的论述，概念模型是你对产品是什么和产品如何运作的理解。如果你建立了良好而准确的概念模型，特别是如果产品一直让你知道它正在做什么——它达到了什么运营阶段，事情是否进展顺利——你就不会对它的结果感到意外了。

假如你的汽车没有汽油了，会发生什么事呢？这是谁的错？这就要视情况而定了。大多数人都知道汽车驾驶座前的仪表上包括了一个燃油表，它会告诉你油箱装了百分之几的汽油。很多人还希望，当油箱快要没油时，会发出诸如闪灯这样的警报。有些人甚至靠自己推测，觉得燃油表太保守了，认为油箱并没有它标示的那么空，它只是想给驾驶者一些回旋余地。

如果燃油表显示油箱快要空了，警报灯在闪着，但是你拖拖拉拉，不想花时间去加油。如果汽油真的用完了，你就会责备自己。你不仅不会被汽车弄得烦躁，而且你现在可能会比以前更加信任它。毕竟，它提示你汽油快要用完了，而你确实也把汽油用完了。如果警报灯一直不亮呢？在这种情况下，你就会责备你的汽车。如果燃油表上下波动不断变化呢？那么你会不知道如何解释它了：你不会相信它。

你相信汽车的燃油表吗？大多数人一开始时都比较谨慎。当他们驾驶一辆新车时，他们必须做一些测试，从而确认他们对燃油表的信任程度。最典型的方法就是驾驶汽车，使燃油表的读数越来越低，然后再加油。当然，真正的测试是故意把汽油用光，以便确认燃油表读数与实际的相符程度，但大部分人都不需要那么确切的结果。当然，他们会驾驶足够远的距离，以确定他们对汽车指示器的信任程度，包括燃油表读数和低油量警报灯，还有某些汽车配备的里程计算器，它会显示剩余汽油还可以开多远。在具有足够的经验后，人们就能学会如何解读读数，进而确定可以在多大程度上信任燃油表。信任必须由经验获取。

生活在一个不可靠的世界

信任同伴是人类的天性[6]，尤其是当提出的要求被证明是合理的时候。社会工程师（social engineer）利用这些知识剥削他们手下的受害者，以达到他们的目的。

——K·D·米特尼克和W·L·西蒙，《欺骗的艺术》
（*The Art of Deception*）

在讲求合作性的人类互动中，信任是不可或缺的要素。唉！这也使得它变成我们的弱点，很容易被所谓的"社会工程"所利用，例如骗子、小偷和恐怖分子，他们会利用和操纵我们的信任与善良本性，以获取利益。越来越多的日常物品都配备了电脑芯片，它们变得智能化和灵活化，并获得了与我们环境中的其他设备和全球网络的信息和服务进行沟通的渠道，因此有必要提防这些可能造成危害的人，不管是偶然发生，还是开玩笑的恶作剧，或者是恶意的欺骗或伤害。骗子、小偷、罪犯和恐怖分子在利用人们互相帮助的意愿方面是专家，他们既知道如何运用复杂的科技，也知道人们在什么时候看起来急需协助。

提高安全性和防范性的常用方法是严格管理有关程序，并且要求重复检查。但是，如果参与检查工作的人越多，安全性就会下降。这被称为"旁观者的冷漠"（bystander apathy），该术语出自对 1964 年纽约市街头发生的基蒂·吉诺维斯（Kitty Genovese）谋杀案的研究。虽然很多人目击了这一事件，但没有人伸出援手。起初，人们只是谴责纽约居民的冷漠无情，但是，社会心理学家比伯·拉坦纳（Bibb Latane）和约翰·达利（John Darley）[7] 却可以在他们的实验室和实地考察重现这种旁观者行为。他们总结出，围观的人越多，帮忙的人就越少。为什么呢？

试想一下你自己的反应。如果你独自一人走在大城市的街道上，遇到一起看上去像是犯罪的事件，你可能会被吓坏，因而不愿意介入，不过你可能仍然会设法寻求帮助。但是再试想一下，如果有一群人在围观这起事件呢？你会怎么做？你可能会假设自己并没有目睹这件事，因为如果它真的很严重，周围的人应该会做出一些反应。而事实上没有人做任何事情，这肯定就意味着没有坏事发生。毕竟，在大城市里什么事都可能发生：这搞不好是演员在拍电影。

旁观者的冷漠也存在于安全检查中。假设你是电力公司的技术员，你的其中一项工作就是跟同事一起检查仪表读数，你认识这位同事，而且信任他。此外，当你完成工作时，你的主管还会再检查一下。结果会让你不会特别在意这项工作。毕竟，一个错误怎么可能逃过这么多人的眼睛呢？

问题就在于，每个人都这样想。结果，越多的人检查一项工作，每个人的工作就越不仔细。越多的人负责时，安全性越可能会降低：信任阻碍了工作。

商用航空界以其"飞行员人力资源管理[8]"计划对抗这种趋势，成效斐然。所有现代商用飞机都配备了两位飞行员，一位是较为资深的机长，坐在左边的位置上，而另一位是副机长，坐在右边的位置上。两位都是合格的飞行员，不过，他们通常会轮流驾驶飞机。因而，他们会用"驾驶中的飞行员"和"非驾驶中的飞行员"称呼对方。机务人力资源管理的其中一个重要部分就是，非驾驶中的飞行员会充当积极的批评者，不断检查和询问驾驶中的飞行员所进行的操作。驾驶中的飞行员应当感谢另一位飞行员提出的问题，即使这些问题不是必要的，或者甚至是错误的。显然，按这样的程序操作很困难，因为它关系到文化间的重大差异，特别是当其中一位飞行员的资历较浅时。毕竟，当其中一人质疑另外一个人的行为时，就意味着缺乏信任感；当两个人一起工作时，特别是当其中一个是另外一个的上级时，信任就尤为重要。航空界花了一段时间学习将质疑视为尊重的标志，而不是缺乏信任；同时，资深飞行员也坚持要求资历较浅的飞行员对他们的操作提出质疑。其结果是安全系数随之而提高。

罪犯和恐怖分子会利用错位的信任。要突破一个守卫森严的地方，其中一个策略就是在几天内重复触发警铃，然后躲起来，这样一来，保安人员就找不出警铃启动的原因。最后，重复报错的警铃让人们感到失望，保安人员不会再相信它们。这时，罪犯就可以乘虚而入。

并非每个人都是不可靠的，只是少数人——但这些少数人却具有非常强大的破坏力，因此我们别无选择，而只能舍弃信任，对每个人和每件事都抱着怀疑的态度。由此衍生出残酷的取舍：使安全系统更缜密的事物，往往就是让我们的生活变得更困难的事物，某些情况下，甚至使生活变得不可能。我们需要更实际的安全措施，而这种安全措施是出自对人类行为的了解。

安全问题更像是一个社会或人类的问题，而不是技术问题。当然了，你可以应用你想要的所有技术。但是，那些想偷窃、贿赂或搞破坏的人，总会找到利用人性的方法，从而突破安全系统。的确，过多的科技反而妨碍了安全，因为要尽责地完成任务，保安人员的日常工作就会变得更困难，以致罪犯可以更容易地突破安全措施。如果安全密码或程序太复杂，人们就记不住，因此他们要把这些东西写下来，并贴在电脑屏幕上、放在键盘或电话下面，或者放在桌子抽屉里（而且是在抽屉前端，他们可以比较容易拿到）。

在写这本书的时候[9]，我作为美国国家研究委员会的一名委员，负责研究信息科技和反恐怖主义。在我负责的那部分报告中，我研究了恐怖分子、罪犯和其他闹事者所运用的社会工程实务操作。实际上，要找出这些资料并不困难，其中的基础原理已经流传了数个世纪，而且还有许多前罪犯和执法官员编写的书，甚至还有犯罪小说写作指南，这些都提供了相关资料。而网络也让研究变得容易。

想要闯入一个有安全保护的电脑系统吗？抱着一大堆电脑、零件和晃来晃去的电线，走到门前请某个人把门开着，然后谢谢他。把这些破烂东西拿到空房间里，寻找应该被贴在某处的密码和用户名，然后登入系统（图5.2）。如果你无法登入，就请别人帮忙，只要开口问就是了。正如我在网络上找到的一份指南所写的那样——只要大声喊道："有人记得这台电脑的密码吗？"你会惊讶于有许多人回答你。

总的来说，安全是一个系统问题，其中人是最重要的因素。当安全程序妨碍了善良忠诚的员工时，他们会找到应对方式，以避免受到干扰，从而使整套程序失灵。那些让我们成为富有效率、乐于合作、具创造性的员工特质不但使我们能够适应突发事件并互相帮助，也让我们难以防范这些想要利用我们的人。

（a）

图5.2

（b）

如何不保护好密码

图 a 展示了贴在电脑显示器边上的纸条，图 b 是这张纸条的放大图。这就是那些社会工程师所依仗的做法。不过，是恼人的密码规则让我们不得不依赖这样的纸条。即使不把密码贴在电脑上，一个熟练的社会工程师也可以猜出来：这台电脑放在一家大型办公家具制造商的总部里。"CHAIR"（椅子）？谁还需要猜呢？（摄影：作者）

情感交流

　　到处都有就是到处都没有[10]。当一个人终其一生都在国外旅游，最后他结识了很多人，但没有朋友。

——卢西乌斯·阿纽斯·塞内加（Lucius Annaeus Seneca，

公元前5年至公元65年）

　　在我的顾问工作中，我经常被要求预测下一个"杀手级应用"（killer application），以发现下一个大受欢迎、每个人都想拥有的产品。很遗憾，如果问我学到了什么，那就是这么精确的预测是不可能做到的。这个领域遍布了那些尝试者的身影。此外，我们有可能做出正确的预测，但是它可能会花很长时间。我预测未来的汽车可以自动驾驶。什么时候？这我就不知道了，可能20年后，也可能是100年后。我预测视频电话会变得非常普及，将无处不在，而且我们也觉得是理所当然的。事实上，如果没有视频电话，人们可能还会抱怨。但什么时候呢？在过去50年里，人们已经预测"在短短几年内"视频电话将会被广泛接受。然而，即使是成功的产品，也要经过几十年的时间才能流行起来。

　　不过，即使无法对成功的产品进行精确的预测，但是我们可以确定，有一种产品几乎可以始终保证成功，那就是社交互动。在过去100年中，科技日新月异，但交流的重要性依然在社会要素中处于较高地位。对于个人交流来说，就是指信件、电话、电子邮件、手机、即时通讯以及电脑和手机上的文本信息。对于机构而言，可以加上电报、公司备忘录和简报、传真机和内联网，也就是用于公司内部交流和互动的专用网络。而对于社交群体来说，则可以加上城市里的小商贩、日报、广播和电视。

　　直到近几年，随着旅行变得越来越容易，成本也越来越低，但是也产生了让人遗憾的副作用，即削弱了人与人之间的联系纽带。没错，人们仍然可以通过信件和电话保持一定的联系，可是，这种联系是有限的。2000年前，罗马哲学家塞内加曾抱怨，旅行让我们结识到很多人，但是没有朋友，时至今日，这样的抱怨依然很有道理。在过去，距离非常重要，离开家人和朋友，联系就会减少。当然，人们可以利用信件和电话进行联系，但是在每天忙碌的生活中，这样的沟通是不够的。身处各地的人们，他们的社交和情感也常常会随之分开。

不过，这样的情况已不复存在。现在，我们可以频繁地与朋友和亲人联系，无论何时何地。现代科技让我们可以跟朋友和家人保持不间断的联系，电子邮件、即时通讯、短信和语音邮件打破了时间和距离的限制。旅行也因为汽车、货车或飞机而变得相对容易。电子邮件系统能够可靠地贯穿地球；电话触手可及，还有随身携带、始终开着的手机；电子邮件无处不在。全球每天有数十亿条短信通过手机传递。曾经因为距离和分隔而造成的孤立感已经荡然无存。现在，我们可以很容易地与别人联系，频繁程度是以前不曾想象的。而且，通讯革命才刚刚开始，如果它在 21 世纪初就如此普及，那么 100 年后会是怎么样的景象呢？

大部分短信似乎都没什么内容，十几岁的青少年经常这样说："What are you doing？（你在做什么？）"——或者会简写成他们经常使用的形式"watrudoin"；"Where are you？（你在哪里？）"写成"wru"；"See you later（再见）"写成"cul8r"。上班族在上班时的用语则略有不同，他们会说"无聊的会议""你在做什么""下班后一起喝杯饮料吧"。当然，它们偶尔也会有实质的内容，譬如在商务谈判、安排会议时间或探讨合同细则时。但是，总体而言，频繁通讯的目的不是分享信息，而是联络感情。这是互相沟通的方式，告诉别人"我在这里""你在那里""我们仍然彼此喜欢"。为了感到舒服和安心，人们需要不断地沟通。

短信的真正优点在于，你做其他事情的时候也可以同时使用它。只要你的手闲下来，而且可以偶尔瞄一下屏幕，无论你在上课、开会或甚至在与人交谈的时候，都可以收发信息，看起来似乎没有任何约束。把手机放在衬衣口袋里，当感到无聊时，或当胸前欢快的震动表示收到信息时，你就把它拿出来看一眼。阅读最新的信息，用两个拇指在小键盘上偷偷地回复短信。这些必须暗中进行，因为这可能是在一场会议上，而当时你应该专心听发言人的讲话。

发送短信如此毫不费力，使其逐渐成为了许多人生活中的重要情感组成部分。许多人回复我在网上发出的关于使用感受的调查，他们借此机会告诉我他们对即时通讯[11]的依赖度。以下是其中两则回复：

> 即时通讯（instant messenger, IM）是我生活中不可或缺的一部分。有了它，我觉得可以跟世界各地的朋友和同事连接在一起。如果没有它，我觉得仿佛通往我的世界的那扇窗户被关起来了。

> 我在工作时很依赖即时通讯，我无法想象生活里没有它。即时通讯的真正力量不是通讯（尽管这是它的主要特性），而是它给人带来的存在感，让我们知道某人"在哪里"。想象一下，每当你拿起电话拨打某人的号码时，你知道将有一个真实的人来接听，而这个人正是你想要找的。这就是即时通讯的力量。

手机承载了文本信息的大部分情感力量，它不仅是一个简单的通讯设备。当然，商务人士认为它是保持联系的方式，并且在必要时为人们获得重要的信息，但是还遗漏了这些设备的完整意义：它基本上是情感工具和社交助手，帮助人们相互保持联系，让朋友们可以交谈，即使里面的内容不够正式、不够具有反思性，但是却充满了情感。尽管它让我们大家分享想法、意见、音乐和图片，但是它真正让我们分享的是情感。它让我们得以全天候地保持联络，维系彼此的关系，无论是商业性质还是社交性质。

交谈是一种强大的社交和情感手段，它让我们以自然的韵律进行情感交流——停顿、节奏、音调变化、犹豫和重复。尽管短信在情感交流方面不像交谈那么有效，但是作为沟通工具它更有优势，因为它显得不那么冒昧。它可以保持隐私，可以私底下进行。对于商务会议上那些偷偷地熟练发短信的行为，我一直都觉得很有趣。那些严肃沉着的经理偷偷地瞄一眼他们的膝盖处，以便阅读屏幕上的内容，然后回复短信，同时他们全程在假装专心地开会。短信让朋友们保持联系，即使他们当时应该正在关注其他事情。

虽然电话服务是一个情感工具，但是话机本身却不是，这样不是有点儿奇怪吗？人们喜欢手机互动的力量，但是似乎并不喜欢促成这一互动的设备，结果导致虽然手机的更换频率极高，但是人们并没有产生产品忠诚度，对企业或服务供应商也没有任何承诺。手机这种提供情感服务最基本的工具之一并没有得到人们对这种产品的依赖度。

弗诺·文奇（Vernor Vinge）是我最喜欢的科幻小说家之一[12]，他写过一本叫作《深渊上的火》（*A Fire Upon the Deep*）的书，书中描写了爪族行星上居住的共生体智慧生物。这些外形像狗一样的生物成群结队地行进，成员彼此之间不停地进行声音交流，形成强烈的分布意识。个体由于死亡、疾病或意外而离开群体，就会招募年轻的新成员代替他们，群体对自身一致性的维护远超任何个体。群体中的任何个体单独存在时都不具有智慧，群体从多个个体的共存中获取智慧。因此，如果某一个体离开群体太远，就会失去沟通渠道，因为声音的传播范围有限，从而导致这个单独的个体丧失智慧。单独的个体几乎不能存活，即使生存下来，也注定是愚蠢的生命——没有真正的头脑。

在世界上任何一个国家的大城市中，沿着街道散步，看看谁在用手机交谈：他们处于自己的空间里，从物理角度看，他们身处某个地点和某群人身边，但在情感上他们却在别的地方。他们似乎是害怕在一群陌生人中变成孤独的个体，于是决定与自己的群体保持联系，即使这个群体处于其他地方。手机为他们建立了自有的私人空间，远离喧嚣的街道。如果两个人一起走在街道上，他们不会感到这么孤独，因为他们会互相关注对方，关注两人的对话和街道上的状况。但是在使用手机时，你进入了一个私人地盘，它是虚拟而不是真实的，是一个脱离周遭环境的空间，让你可以更好地与他人联系和对话。因而，即使你沿着街道走，你居然也会迷路。的确，这是一个在公共场合里的私人空间。

联系无间，骚扰不断

我曾经在最让人惊讶的地方见识过电话铃声此起彼伏和人们如何接听电话的情景，例如在电影院和董事会议上。我曾经在梵蒂冈出席一场会议，作为科学代表向罗马教皇展示我们的研究成果。在那里，手机简直无处不在。每位红衣主教都戴着一串金项链，上面挂着一个金十字架；而每位主教也戴着金项链，上面挂着一个银十字架。但是，排在前面看起来像是真正负责人的那位引导员，他戴着的那串金项链上面居然挂着一部手机。教皇本应该是众人关注的焦点，可是我在仪式中却不断听到手机铃声。"嘘！"他们都低声对着手机说，"我现在不能说话，我正在聆听教皇的演说。"

在另外一个场合，当时我是某个座谈会的成员，面对着众多听众，正当主持人向其中一名讨论小组成员提问时，他的电话响了。是的，当时他接听了电话，这影响到了讨论小组成员，也让听众感到惊讶。

为通讯科技欢呼！它让我们无论身处何地，无论正在做什么，都可以跟同事、朋友和家人保持联系。不过，作为维持联系或监督工作的工具，无论短信和语音留言、电话和电子邮件的功能多么强大，请注意，一个人的"保持联系"同时也是对另一个人的干扰。这种情感影响反映了一个矛盾：对保持联系的人来说是正面的影响，而对受到干扰的人来说却带来负面影响和烦恼。

人们在感知干扰的影响时具有不对称性。当我跟朋友共进午餐时，他们花了相当长的时间来接听手机，我觉得这是一种分心和干扰的行为。从他们的角度看来，他们仍然跟我在一起，但是这些电话对他们的生活和情感来说都非常重要，因而根本不算是干扰。对接电话的人来说，时间过得很充实，而且传递了信息。而对我来说，这段时间是空虚的，午餐谈话被中断了，我不得不等到干扰结束。

这样的干扰看起来要持续多长时间？对于被干扰的人而言，是很漫长的；但对于接电话的人而言，只是一会儿。感知决定一切，当一个人很忙碌时，时间就会过得飞快；而当一个人无事可做时，时间就会显得很漫长。因而，参与电话交谈的人在情感上会感到很满足，而别人则觉得被冷落和被疏离，感觉不舒服。

人类有意识的注意力是大脑反思层次的一部分，但它的能力有限。一方面，它限制了意识，使它只能集中于单项任务。另一方面，注意力随时都会被环境的变化打断。这种很自然的分心的结果就是注意力只能维持短暂的时间，因为新发生的事情会不断地吸引当事人的注意力。今天，人们普遍认为注意力维持的时间之所以短暂，是因为广告、视频游戏、音乐视频等。但是，实际上注意力容易分散是生理的必然现象，经过了数百万年的进化发展，成为防御意外危险的一种保护机制，而这就是本能层次的主要功能。这可能是为什么人们感知到危险并产生负面情绪和焦虑后，注意力的范围会变窄，并且变得高度集中。身处危险中时，注意力绝对不可以分散。但是，在感觉不到焦虑时，人们就很容易被干扰，不断地转移注意力。著名哲学家和心理学家威廉·詹姆斯（William James）曾经说过，他的注意力大约能持续 10 秒[13]，而当时是 19 世纪晚期，那时还没有现代的干扰因素。

我们会开拓自己所需的私人空间[14]。在家里时，我们会待在自己的书房或房间，必要时会锁上门。在办公室时，我们会待在自己的房间里，或者争取在小隔间或公共空间中保持私密性。在图书馆里，有保持安静的规定，或使用私人阅览室以享受少有的特权。在街道上，一群人聚集在一起交谈，如果只是暂时的，周围的人似乎都不会注意到他们。

然而，现代通讯的真正问题来自人们注意力的局限性。关于有意识的注意力的限制尤为严重。当你接听电话时，你是在进行一种很特殊的活动，因为你处在两个不同的空间里，一个是你实际身处的位置，另一个则是精神所处的空间，而这是你精神上的私密场所，在那里，你跟交谈的另一方进行互动。这样的心理分割式空间是一个非常特别的形式，它使电话交谈不像其他多人活动那样，而是需要特别集中注意力。结果就导致你在某种程度上脱离了真实的物理空间，尽管你明明身处其中。像这样分割成多重空间，会对人类官能作用的发挥带来重要影响。

你会在开车的时候讲电话吗？如果会，那么你正以危险的方式分散你有意识的注意力，降低了你反应和预测的能力。没错，你的本能层次和行为层次仍然运作正常，但进行反应和预测的反思层次则不然。因此，你仍然可以驾车，但主要是通过自发性的潜意识本能和行为机制。在驾驶时受到干扰的是反思层次的监督，它们可以预测其他驾驶者的行动和任何特殊环境因素。因此，你看起来仍然可以正常驾驶，但这反而会蒙蔽了你的双眼，事实上你当时反应的灵活性和处理意外情况的能力会降低。因此，驾驶因为心理空间受到干扰而变得危险。其实，并不是因为需要一手拿着电话一手掌握方向盘而构成危险。我们有免提手机，它的喇叭和麦克风可以固定在车上，因此不需要用手拿着，但是也无法消除对心理空间的干扰。这是一个新的研究领域，但是早期研究显示，免提手机跟手提手机一样危险。驾驶者能力的下降是由交谈引起，而不是由电话工具引起。

驾车时跟乘客交谈也会出现类似的干扰，特别是由于我们的社交习惯让我们喜欢在交谈时看着对方。再次声明，这个安全性调查仍然处于初级阶段，但是我预计将会证实与身边的乘客聊天没有通过打电话与远处的人交谈那么危险，因为我们对乘客构建的心理空间包括了汽车和它的周围环境，而电话的另一方则远离这个驾车的行为。毕竟，虽然我们进化成能够在进行多种活动的同时与别人互动，但是这一进化过程不可能预见到这种远距离的互动。

我们不能在同一时间参与两场紧张的对话，至少不可能保持谈话的质量和速度。当然，我们可以真的"同时"参与多场即时通讯和文本消息的对话，但是给"同时"加上双引号表示我们并不是真的在同时做两件事情，而是交替进行。我们仅仅在阅读和构思新信息时才需要有意识的反思式注意力，一旦构思好了，自发性的行为机制会指导实际的输入，而反思层次就会转换到另一场对话中。

因为大部分活动都不需要持续不断的有意识的注意力，我们可以在进行日常活动时，不断地将注意力分散到多种事物上。分散注意力的好处在于，可以让我们与环境保持联系，也就是我们可以持续了解周围事物。在街上与朋友边走边聊时，我们仍然有充沛的精力做其他事情：留意到街口新开张的商店，看一眼报纸上的标题，甚至偷听路人的对话。只有当我们被迫进行机械活动时，才会觉得有困难，例如驾车这种有一定技术要求并且需要做出即时反应的活动。我们常常可以很轻松地完成这些任务，这使得我们误以为不需要集中注意力。在社交活动中，我们处理干扰和注意力分散的能力很重要。如果我们可以合理分配时间完成多项任务，那么就可以促进这些社交互动。我们既可以关注到身边的人，又可以与许多人保持联系。通常来说，不断转移注意力是一个优点，尤其是在社交互动中，但是在机械的世界中，它却很危险。

如果我们终其一生都在不断地与世界各地的朋友沟通，我们可以增加肤浅的交流，但却付出了无法建立深刻交情的代价。是的，我们可以跟许多人保持频繁的短暂交流，以维持朋友关系。然而，我们越是保持着短暂、简单的交流，并且允许自己打断进行中的交谈和互动，交流和友谊就会变得越肤浅。"持续地分散注意力[15]"是琳达·斯通（Linda Stone）对这一现象的描述，但是，无论我们如何指责这种行为，它已成为我们日常生活中的普通现象。

设计的角色

科技常常迫使我们深陷离开科技就无法生活的窘境，即使我们可能很不喜欢其带来的影响。或者，我们可能喜欢科技提供的东西，但是如果在使用时受到挫败，就会觉得很讨厌。爱与恨是两种相矛盾的感情，但又经常共同组成一段持续而又让人不舒服的关系。这些既爱又恨的关系有着令人惊讶的稳定性。

爱恨关系给予我们希望，要是可以消除憎恨，只保留爱该多好啊。设计师有这方面的力量，不过程度有限，因为尽管一些愤怒和厌恶是来自不当的或缺乏创造性的设计，但是大部分都是由社会规范和标准而引起，而这些规范和准则只能由社会本身来改变。

大部分现代化科技实际上是社交互动的科技，它是信任和情感联系的科技。但是，社交互动和信任都没有被用于科技设计，甚至未被加以考虑，而是偶然出现，或者只是开发过程中的意外副产品。对技术人员来说，科技提供了一种通讯的方式；而对我们来说，科技提供了一种社交互动的方法。

我们还可以努力改善这些科技。我们已经知道，缺乏信任是由缺乏理解引起的，它使我们感到失去控制、不知道发生了什么事、不知道为什么会发生那样的事情，或者不知道下次该怎么办，这一切都会引起信任缺失。此外，我们知道歹徒、小偷和恐怖分子如何利用人们彼此之间的信任感，但是，如果人类文明要继续存在，这种信任还是必不可少的。

在个人电脑的这个例子中，导致"电脑狂躁症"的挫败感和愤怒的确是属于设计范畴。这些是由设计的缺陷所引起的，设计的缺陷使这些问题恶化。有些设计与信任感缺失和糟糕的程序有关，有些与缺乏对人们需求的理解有关，而有些则与电脑操作和人们想要做的工作不相符有关。这一切都可以得到解决。现在，沟通似乎时刻与我们同在，无论我们是否希望如此。无论是在工作还是学习，在学校还是家里，我们都可以与别人联系。此外，各种媒介之间的差异日益减少，因为我们可以越来越轻松、频繁地收发声音和文本、文字和图片、音乐和视频。当我在日本的朋友用手机给他刚出生的外孙拍照，然后发给身在美国的我时，这算是电子邮件、摄影还是电话？

好消息是新科技让我们可以不受时间或时区的影响，无论我们身处何地，无论我们正在做什么事情，都可以取得联系，从而分享想法和感受。当然，坏消息也是同样的这些事情：如果我们与朋友都一直保持联系，我们就没有时间做别的事情，一天24小时的生活都会充满了干扰。每次单独的互动可以是快乐和有所收获的，但整体的影响却会令人难以忍受。

然而问题在于，与世界各地朋友进行简短交流的便利性妨碍了每天正常的社交互动。在此，唯一的希望是改变社会的接纳度。这可以从两方面入手：一方面，我们可以接受干扰成为生活的一部分，当群体中有些人不断进入他们自己的私人空间与他人进行互动，例如朋友、老板、同事、家人或他们视频游戏中急需支援的盟友。当发生这些情况时，我们要将其视为常态。另一方面，人们要学习限制自己的社交互动，通过手机接收文字、视频或声音信息，让人们可以在方便时回电。我可以想象出有助于实现这一解决方案的设计，让电话设备可以与来电者协商，它检查每个宴会的行程表和预订交谈时间，这样，整个进行过程都不会打扰到任何个体。

我们需要的是能够提供丰富的互动并且又没干扰的科技：我们要重新掌控自己的生活。实际上，无论是为了避免我们对现代科技产生的挫败感、疏离感和愤怒，还是让我们可以与他人进行可靠的互动，或是与我们的家人、朋友和同事保持紧密的联系，"控制"似乎都是一个共同主题。

并非所有互动都需要即时进行，使得参与者一直在线回复，不断相互打扰。存储转发的技术，例如电子邮件和语言邮件，能让发送者可以在方便时发出信息，然后接收方也可以在方便时才接听或查看信息。我们需要一种可以混合各种沟通方式的方法，这样就可以视需要选择信件、电子邮件、电话、声音或文本方式。人们还需要安排好时间，选择可以集中精神不受打扰的时候，这样就可以保持专注。

我们大部分人都是这样做的。我们会关掉手机，而且有时会故意不随身携带。我们会过滤来电，除非来电是我们真的想要交谈的人，否则不会接听。我们会去私人空间，以便更好地写作、思考或只是休息。

今天，人们正努力确保科技的普及化，无论我们在哪里，无论我们正在做什么事情，都可以便于使用。只要决定是否使用它的选择权仍然在接受方手上，那就很好。我对社会很有信心，我相信我们将进入一个融合这些科学技术的智能居住环境。在任何科技的早期发展阶段，潜在的应用性都会与显而易见的缺陷相互较量，既喜欢它的潜力，也憎恨它的现状。但是，随着时间的推移，随着对科技和使用方式设计的改善，我们有可能把憎恨减少到最低程度，并且把这种关系转变成喜欢。

注解：

1. "拜伦·李维斯和克利福德·纳斯"：李维斯和纳斯，1996。

2. "福格……讲述人们如何"：该列表取自表5.1；福格，2002。

3. "一开始只是有一点点厌烦"：胡菲斯－摩根，2002。

4. "那么，我们就会被卷入更复杂的情感中"：所提出的基本分析结果出自心理学家安德鲁·奥托尼、杰拉尔德·克罗尔和艾伦·柯林斯，奥托尼、克罗尔和柯林斯，1988。这里我稍微更改了表达方式，以便符合本书对设计的特别强调。有关更改也与我和他们曾经合作的研究相一致，尤其是安德鲁·奥托尼和威廉·雷维尔，奥托尼、诺曼和雷维尔，2004。

5．"我那把 10 英寸的三叉牌厨刀"：2002 年，我在 CHI（国际人机交互协会）小组讨论发出的问卷调查中收到的邮件回复。

6．"信任同伴是人类的天性"：米特尼克和西蒙，2002，第 32 页。

7．"社会心理学家比伯·拉坦纳和约翰·达利"与"旁观者的冷漠"：拉坦纳和达利，1970。

8．"飞行员人力资源管理"：维纳、砍奇和赫姆瑞克，1993。

9．"在写这本书的时候"：赫尼西、帕特森、林和国家研究委员会研究信息技术在回应恐怖主义中所发挥的作用，2003。

10．"到处都有就是到处都没有"：感谢密歇根大学信息学院校长约翰·金提供的塞内加引文。

11．"即时通讯"：在网上关于设计的讨论小组里回复我的提问，告诉我他们喜欢或讨厌的产品，该事例的两个自然段由不同的人编写，2002 年 12 月。

12．"弗诺·文奇是我最喜欢的科幻小说家之一"：文奇，1993。

13．"他的注意力大约能持续 10 秒"：我相信这是出自詹姆斯的《心理学原理》（詹姆斯，1890），尽管我 30 年来都很相信该引文，但我也是在 30 年前看到这句话，即使我曾经尝试去找，但查阅不到出处，因而无法提供恰当的参考书目。

14．"我们会开拓自己所需的私人空间"：参看威廉·怀特的著作《城市：对中心的重新发现》，怀特，1988。

15．"持续地分散注意力"：琳达·斯通，还有微软个人通讯部副总裁卡姆登，PopTech 会议，ME，2002。

第六章

情感化机器

戴夫，停下来……[1] 停下来，你能……停下来吗？戴夫……你能停下来吗？戴夫……停下来啊，戴夫……我很害怕，我很害怕……我怕啊。戴夫……戴夫……我的心要飞走了……我感觉到……我真的感觉到……我的心要飞走了……肯定没错……我能感觉到……我能感觉到……我很……害怕。

——哈尔，电影《2001 太空漫游》中的全能电脑

哈尔感到害怕是很正常的，因为戴夫正打算把它的零件拆卸下来，将它关掉。当然，戴夫也很害怕，因为哈尔杀死了太空船上的其他队员，但没能杀死戴夫。

但是，为什么哈尔会感到害怕？它怎么会害怕呢？这是真的害怕吗？我怀疑不是。哈尔正确地判断出戴夫的意图：戴夫想要杀死它。所以，害怕和担心是当时情况下的合理反应。但是，人类情感不仅是由逻辑和理性组成，它们还与人类行为和感觉紧密相连。如果哈尔是一个人，它会奋力抵抗以阻止自己被杀死，它会用力撞门，反正就是尽一切努力逃生。它还会威胁说："如果杀了我，一旦你消耗完背包里的空气，你也要死。"但是哈尔没有这样做，实际上它只是不停地说"我害怕"。哈尔懂得什么是害怕，但是感觉和行动没能结合起来，这就不算是真正的情感。

不过，为什么哈尔需要真实的情感呢？现在的机器根本不需要情感。是的，它们具有合理程度上的智慧，但是情感呢？它们没有。不过，未来的机器将需要情感，就跟人类需要情感一样：人类的情感系统在生存、社交和合作以及学习中发挥着重要作用。当机器面对同样的情况时，当它们必须在没有人类帮助的情况下连续工作，以应对不断涌现的新状况与复杂多变的世界时，机器将需要一种情感——机器情感。随着机器变得越来越能干，并且肩负起我们的许多工作，设计师面临的是一项复杂的任务，要决定如何制造它们，如何让它们相互交流，以及如何跟人类交流。因此，

出于与动物和人类具有情感相同的理由，我相信机器也将需要情感。请注意，这不会是人类的情感，而是适合机器本身需要的情感。

机器人早已存在了，大多数是工厂里相当简单的自动化手臂和工具，但是它们的力量和性能在不断提高，活动范围和地点也拓宽了很多。有一些机器人可以做有用的工作，例如除草和吸尘。有一些则很好玩，像宠物机器人。有一些简单的机器人则被用于从事危险的工作，例如救火、搜救任务或军事行动。还有一些机器人可以送信、分发药品和承担其他相对简单的工作。随着机器人越来越先进，它们开始产生一些最简单的情感，例如类似本能的畏高或担心撞上东西；宠物机器人则将具有好玩可爱的个性。随着时间的推移，这些机器人的性能会进一步提高，它们将逐渐具备丰富的情感：当遇到危险时会感到害怕和焦虑，当实现一个渴望已久的目标时会感到快乐，对自己的工作质量感到自豪，以及对主人言听计从。很多这样的机器人都是在家居环境里工作，会和人类及其他家用机器人相互交流与合作，所以它们需要表达自己的情感，具备类似于脸部表情和身体语言的功能。

脸部表情和身体语言是机器人"系统意象"的一部分，帮助人们对与之交流的机器人的操作方式产生较清晰的概念模型。当我们与其他人交流时，他们的脸部表情和身体语言让我们知道自己是否被理解，他们是否感到疑惑，或者他们是否同意我们的观点。当人们感到困惑时，我们可以通过他们的表情得知。我们与机器人沟通的时候，这种非语言反馈也非常重要：机器人理解人们的指令吗？它们什么时候会努力完成任务呢？它们什么时候可以成功完成任务呢？它们什么时候会遇到问题呢？情感表达可以让我们知道它们的动机和渴求、成就和挫折，从而提高我们对机器人的满意度和理解：我们可以判断出它们可以做什么和不可以做什么。

要找到情感和智慧的适当配合方式并不容易。电影《星球大战》中的两个机器人 R2-D2 和 C-3PO，它们就像我们想要在家里拥有的机器人。我猜

图6.1

电影《星球大战》（*Star Wars*）中的 C-3PO（左边）和 R2-D2（右边）[2]
虽然 R2D2 在身体和脸部结构上有一些缺陷，但是它们都具有非常丰富的表情。
［图片提供：卢卡斯电影有限公司（Lucasfilm Ltd.）］

想它们的魅力在于它们展示弱点的方式。C-3PO 是一个笨拙又好心的呆子，几乎不能胜任任何工作，除了它自己的专业：翻译语言和机器沟通。R2-D2 则善于与其他机器交流，但具有有限的物理性能，它必须依赖 C-3PO 才能跟人类交谈。

R2-D2 和 C-3PO 能够很好地展示它们的情感，让剧中人物和电影观众理解它们，对它们产生移情，有时甚至会生它们的气。C-3PO 的外形像人类一样，因此它可以展示脸部表情和身体动作——它做了很多手部扭动和身体摆动的动作。R2-D2 则有较多限制，尽管如此，它还是富有表现力的，当我们看到的只是摇头、身体前后移动，或只是听到一些可爱但莫名其妙的声音时，我们还是可以将之归类为情感。通过电影制作的技巧，设计师用来设计 R2-D2 和 C-3PO 的概念模型显而易见。因此，人们始终能很清楚地了解它们的优点和缺点，这让它们变得既有趣又高效。

电影机器人并不是一直都那么走运。请注意发生在两个电影机器人身上的事情：电影《2001 太空漫游》中的哈尔和《人工智能》中的戴维。哈尔感到害怕，正如本章开端的引文所描述的那样，它的确害怕了，因为它正在被拆卸——基本上可以说是正在被杀。

戴维是被制造出来代替孩子的机器人，它在家庭中取代了真实孩子的位置。戴维非常复杂精密，但是有点儿太完美了。根据这个故事，戴维是第一个拥有"无条件的爱"的机器人。但是，这并不是真爱。也许因为它是"无条件的"，所以看起来做作、过于强烈，也不符合正常的人类情感状态。普通的孩子可能爱他们的父母，但是他们对父母还会经历不喜欢、生气、妒忌、厌恶和漠不关心的阶段。然而，戴维没有展现这样的感觉，它纯粹的爱象征着一个快乐而真挚的孩子，时刻黏着母亲，一步都不离开。这种行为是如此恼人，以致它最后被养母遗弃在野外，告诉它再也不要回来。

高级人工智能的情感在科幻小说中是很常用的主题，因此，电视剧和电影《星际迷航》（*Star Trek*）中的两个角色在情感和智慧中斗争。首先是斯波克，他几乎没有什么情感，他的母亲是人类，而父亲是火神，故事作者创造了绝好的契机，让斯波克纯粹的智慧和科克船长的人类情感相互斗争。同样地，在随后的系列中，戴塔少校是一个完全人工制造的纯粹机器人，他没有情感，尽管有几段是想帮戴塔植入"情感晶片"的插曲，仿佛情感是大脑中独立的部分，可以按照意愿加入或抽离，但是他的缺乏情感也给作者提供了类似的素材。虽然这个系列是虚构的故事，但是作者也做了充分的工作：他们对角色在做出决定和社交互动时的情感表现描述得很合理，心理学家罗伯特·瑟库勒（Robert Sekuler）和伦道夫·布莱克（Randolph Blake）[3] 觉得它们是这种现象的突出范例，很适合用来教授基础心理学。在他们的著作《大脑中的星际迷航》（*Star Trek on the Brain*）中，他们使用了《星际迷航》系列里的大量例子，来说明情感在行为中产生的作用。

情感化物品

我的烤箱怎样才可以做出我喜欢的吐司呢？除非它有自豪感？除非机器具有智慧和情感，否则它们不可能变得聪明和敏感。情感让我们可以将智慧转化为行动。

如果对行动的质量没有自豪感，我们为什么要努力做得更好？正面情绪对于我们的学习和保持我们对世界的好奇心非常重要。负面情绪可能让我们远离危险，但是正面情绪能让我们的生活变得有意义，能引导我们走向生活中的美好事物，它还是对我们所取得的成就的奖励，并且驱使我们努力争取做得更好。

假使只有理智的话，不会永远都能让人满足。如果没有足够的信息会发生什么情况？当存在风险时，我们该如何决定采取何种措施，以使我们在受损害的可能性与来自成功的情感收获之间取得平衡？这正是情感发挥重要作用的地方，也是人类的神经系统受到损伤时[4] 为什么会犹豫不决的原因。在电影《2001 太空漫游》中，宇航员戴夫冒着生命危险想要取回同伴的尸体。这从逻辑角度来说没多大意义，可是从人类社会漫长的历史来看，这却非常重要。诚然，让多数人冒险去营救少数人，或者寻回死者，在我们的现实生活和虚构故事（文学作品、戏剧和电影）中是永恒的主题。

机器人需要一些类似情感的东西以便做出复杂的决定。这条通道可以承受机器人的重量吗？那根柱子后面潜藏着危险吗？要做出这些决定，不仅仅需要感官信息，更要利用经验和常识对世界做出判断，并利用情感系统对当时的情况做出评估，进而采取行动。如果单凭纯粹的逻辑推理，我们可能花了一整天却还在原地踏步。当我们在彻底思考所有可能出错的事情时，不会采取任何行动，就像情感系统受到损伤的人们一样。为了做出这些决定，我们需要情感，而机器人也一样。

目前，我们的机器还不具备类似于人类的丰富而多层次的情感，但有朝一日将会变成现实。请注意，机器人所需的情感不一定是照搬人类的情感，而是一套符合机器需求的情感系统。机器人应该注意那些可能发生在它们身上的危险，很多危险都跟人类和动物所遇到的一样，但有些是机器人特有的。它们必须避免从楼梯和某些高处的边缘掉下来，因此它们应该恐高。它们应该会感到疲劳，因此它们在充电前不会耗尽电力或让自己处于低电量（饥饿）状态。它们不需要吃饭或上厕所，但是它们需要定期的保养：给接合处加油，替换老旧零件等。它们不需要担心清洁和卫生问题，但是需要注意别让污垢进入活动部件，别让灰尘和污垢弄脏摄像头，以及别让电脑病毒影响它们的功能。机器人需要的情感既类似于人类的情感，但又有所差别。

尽管机器人的设计师从来没有考虑要把感情或情感融入到机器里，但是他们却为机器设计了安全和生存系统。其中一些类似于人类本能的层次：可以探测到潜在危险并相应地做出反应的简单而快速回应的电路。换言之，如何生存已经成为多数机器设计的一部分。许多设备都安装了保险丝，如果它们突然通过太大的电流，保险丝或断路器就会中断电路，防止机器本身受到损坏（此外，通过这个方法也能避免我们或环境受到危害）。同样地，有些电脑装有不间断电源，一旦电力中断，它们可以立即迅速地转换到电池电源。电池的电量给它们争取了时间，可以从容不迫地关机，并保存所有数据和通知操作员。有些设备装有温度或水位感应器，某些设备可以探测到人类的存在，当察觉到有人出现在禁区时，就会停止操作。现在的机器人和其他移动系统已经装配了感应器和视讯系统，预防撞上人和其他物体，或者预防从楼梯上跌落。因此，简单的安全和生存系统已经是很多机器人设计的一部分内容了。

对于人类和动物而言，本能系统带来的影响不会终止某个原始反应。本能层次给更高层次的处理系统发出信号，设法确定问题的起因，以及确定有效的反应。机器应该也是这样操作。

任何具有自主性的系统——就是按照自身意愿存在，不受管理者支配——不断地在许多可能的行动中决定应该采取哪一种方案。从技术层面来说，它需要一套安排行程的系统，即使是人类，在面对这个问题时也会有困难。如果我们努力完成一项重要的任务，我们应该在什么时候停下来吃饭、睡觉或处理其他需要我们去做但又并非紧急的事情？我如何在每天有限的时间里完成这么多必要的事情，而且知道什么时候把某件事先搁置下来，什么时候又不能搁置？哪件事更重要：明天早上要交重要计划书还是筹备一个家庭生日宴会？至今，这些是机器几乎不会涉及的难题，但是人类每天都要面对。这些正是情感系统可以帮助处理的决策性和控制方面的问题。

许多机器都采取这样的设计，即使有某个部件失灵，仍然可以继续运作。这种操作对于与安全相关的系统非常重要，例如飞机和核反应堆；同时，对于执行重要工作的系统也很有价值，例如某些电脑系统、医院和其他涉及重要社会基础设施的系统。但是，如果在某个零部件失灵而启用后备零件时，会发生什么事情呢？这时情感系统就会发挥它的作用。

设备在本能层次上会探测到某个零部件失灵，并发出警报：实质上，系统应该开始变得"焦虑"了。不断增强的焦虑感应该会使机器更谨慎地行动，譬如降低速度或延缓非关键工作。换句话说，为什么机器不可以像会产生焦虑感的人类那样行动呢？即使是在尝试去除焦虑起因时，它们也应该谨慎行事。对人类来说，精神会更加集中，直到确定了事情起因和做出合适的回应。无论机器系统做出怎样的反应，都需要改变常规的行为。

为了在不可预知的动态世界中生存，动物和人类都形成了复杂精密的机制，他们把情感化的评价和评估方法结合并用于调整整个系统，从而提高了系统的稳固性和容错度。如果我们的人工系统能从这些例子中吸收经验，也就能运作得更好。

情感化机器人

20 世纪 80 年代属于个人电脑[5]，90 年代则属于互联网络，而我相信，21 世纪刚刚开始的这 10 年将是机器人的年代。

——索尼（Sony）公司主管

假设我们想要制造一个能够在家里生活、四处走动、跟家庭成员融洽相处的机器人，那么它能做些什么呢？当问到这个问题时，大多数人首先想到的是将日常家务事移交给机器人。它们应该是佣人，负责清洁房子和做家务事，似乎每个人都想要一个可以洗碗或洗衣服的机器人。实际上，可以把现在的洗碗机、洗衣机和干衣机视为非常简单且具有特定目的的机器人，但是人们心里真正想要的是这样的机器人——它们可以在房子里走动、收拾脏盘子和衣服，再将它们分类清洗，然后放回适当位置——当然，要先把干净衣服熨平叠好。这些工作的难度都很大，超出了前几代机器人的能力。

现在，机器人还不是家居用品，它们只在科技展会和工厂、搜救现场及其他特殊场合中露面。不过，这种情况将会改变。索尼已经宣布未来 10 年将会是机器人的年代，即使索尼有点儿过于乐观，我也预计机器人将会在 21 世纪上半叶大放异彩。

机器人将会有多种款式。我可以想象厨房里有一个机器人家族——冰箱机器人、橱柜机器人、煮咖啡机器人、烹饪机器人和洗碗机器人——所有机器人都可以互相沟通和前后传递食物、盘子和器皿。家庭机器仆人到处走动，收拾脏盘子，然后递给洗碗机器人。接着，轮到洗碗机器人将干净的盘子和器皿递给橱柜机器人存放好，直到有人或机器人需要使用。橱柜机器人、冰箱机器人和烹饪机器人合作无间，准备好当天的菜单，最后把煮好的饭菜放到橱柜机器人准备的盘子上。

有些机器人负责照顾小孩子，陪他们玩耍，给他们读故事书，还会给他们唱歌。教育性玩具已经可以做到这几点，而精密的机器人还可以担任能干的家庭教师，从字母表、阅读和算术开始，进而延伸到各种话题。尼尔·斯蒂芬森（Neal Stephenson）的科幻小说[6]《钻石年代》（*The Diamond Age*）生动地描述了一本名叫《年轻女士的图解读本》（*The Young Lady's Illustrated Primer*）的互动式图书如何承担起女孩从 4 岁到成人全过程的教育工作。这种图解读本仍然是属于未来的东西，但是，现实中已经存在相对受限的家庭教师机器人。除了教育之外，有些机器人负责做家务：吸尘、打扫和整理物品。最终，它们的工作范围将会得到扩展，有些机器人最终会被安装于家中或家具上，有些会变得可移动，可以自己到处走动。

（a）

图6.2

（b）

21世纪初期的家用机器人

图a，ER2，一个家用机器人的原型。图b，索尼的爱宝（Aibo），一只宠物机器狗。

[ER2 图片提供：进化机器人技术公司（Evolution Robotics）。"站在墙上的三只爱宝"图片提供：索尼电子娱乐美国分公司（Sony Electronics Inc.，Entertainment America），机器人部门]

这些发展将需要一个人类和机器相互调和的共同进化过程。这在我们的科技发展中是很常见的：我们重新设计自己的生活和工作方式，从而让机器可以为我们服务。最生动的共同进化的例子就是汽车系统，我们改变了住宅结构，加装了适合汽车使用的车库和车道，修建了大量遍及全球的高速公路系统、交通信号系统、人行道和大型停车场。为了安装大量电线和管道这些现代生活的基础设施，我们的住宅也被改造了：冷热水、废物回收、屋顶排气口、冷暖气管道、电力、电话、电视、互联网、家用电脑以及娱乐网络。门必须足够宽，以便让家具可以通过，因为有些住宅必须可以使用轮椅和助步架。正如我们改变房子以适应这些类似的变化，我期望我们会做出适合机器人的改变。当然，这将会是一个缓慢的改变过程，但是随着机器人的实用性不断提高，我们肯定能排除障碍，确保成功，并且最终会建造出充电站、清洁和维修点等。毕竟，吸尘机器人需要地方让它们清空灰尘，收拾垃圾的机器人需要把垃圾从家里搬出来。即使看到家里有机器人专用的住处，我也不会感到惊奇，那是特地为机器人建造的栖身之所，让它们不会在非工作时间碍事。现在，我们拥有放置各种用具的橱柜，为什么不可以为机器人特制适合它们的柜子呢？可以安装由机器人控制的门、插座、内置电灯，让机器人可以看得见并清洁自己（给自己插上插座），同时在适当的地方放置垃圾桶。

尤其是一开始的时候，机器人可能需要没有任何障碍的、平滑的地板。也许还要拆除或降低门槛。有些地方——尤其是楼梯——可能需要特别的记号，可以用电灯、红外发射器，或仅仅是特殊的反光标签。在家里各处粘贴上条形码或者区别标签，将大大简化机器人辨认所处位置的方式。

我们来设想一下机器仆人如何给它的主人拿饮料。当主人想要一罐汽水时，机器人就会听话地去厨房和冰箱取。理解主人的命令和走到冰箱前是相当简单的，而判断如何开门，找到汽水并打开它，这就不那么简单了。让机器人拥有可以打开冰箱门的智慧、力量和防滑轮子，需要相当高超的技术。给它们装上视觉系统，让它们找到汽水，尤其是汽水完全被其他食物遮挡时，是很困难的。然后还要想出办法打开罐子，而且不能弄坏其他挡在前面的东西，这超出了现在机器人手臂的能力范围。

如果有一个专门为实现机器仆人的这些需求而制造的饮料调配机器人，那么事情就变得简单多了。想象一下，如果一个饮料调配机器人可以装着6罐或12罐冰冻的饮料，并装有一扇自动门和一条推动臂，机器仆人就可以走到饮料机器人面前，向它提出要求（可能通过红外或无线信号），并将盘子放在饮料调配机器人的前面。饮料调配机器人将门打开，推出一罐饮料，然后再关上门：不需要复杂的视觉系统，不需要灵活的手臂，也不需要用力打开门。机器仆人接住饮料并把它放在盘子上，然后回到主人身边。

我们也许可以用类似的方法改装洗碗机，让家居机器人更容易地把脏盘子放进洗碗机，也许还可以用特定的洗涤槽清洗不同的盘子。但是，当我们那样做的话，为什么不把橱柜制造成特殊的机器人呢？它能够从洗碗机拿出干净盘子，然后放好备用，而那些特殊的盘子也能辅助橱柜机器人。也许橱柜机器人可以自动地把杯子递给煮咖啡机器人，把盘子递给家用烹调机器人。当然，它们跟冰箱、水槽和垃圾桶是连在一起的。这样听起来很不现实吗？也许是，然而，事实上我们的家用电器已经很复杂了，许多都跟多种服务有关。例如，冰箱与电力和供水连接，有些则与互联网连接。如果把这些电器都组合成一个整体，它们就可以畅通无阻地运作，听起来并非很困难。

在我想象中的家庭将会包括许多具有特定用途的机器人，机器仆人可能最具普遍的用途，但是它会跟清洁机器人、饮料调配机器人一起工作，可能还有一些户外园艺机器人和一个厨房机器人家族，例如洗碗、煮咖啡和橱柜机器人。随着这些机器人的发展，我们可能将会为家居设计出具有特殊用途的东西，从而简化机器人的工作，让机器人和家庭和谐共处。请记住，最终的结果也是让人类生活得更舒适。因而，任何人都可以走到饮料调配机器人面前要一罐饮料，你可以不通过红外或无线信号，也许你只需按一下按钮，或者只是提出要求。

并非只有我一个人在想象机器人和家庭的共同发展前景。罗德尼·布鲁克斯（Rodney Brooks），这位处于世界领先地位的机器人专家[7]、美国麻省理工学院（MIT）人工智能实验室（Artificial Intelligence Laboratory）带头人与一间制造家用和商用机器人公司的创始人，就设想了一个由环境与机器人组成的丰富生态系统，由专门安装在设备上的机器人负责各自管辖范围内的清洁工作：一个负责清洗浴缸，一个负责清洁厕所；一个负责擦窗户，另一个负责擦镜子。布鲁克斯甚至构想了一张机器人餐桌，底部装有储物区和洗碗机，这样"当我们想布置餐桌时，跟自动唱片点唱机别无二致的小机械臂会将需要的盘子和刀叉餐具放置在餐桌上。当享用完每道菜时，餐桌和小机械臂会拿起盘子，然后把它们吞进桌子下面巨大的储物空间"。

机器人应该看起来像什么呢？电影里的机器人常常跟人类一样，有两条腿、两只手臂和一个头。为什么呢？因为造型应该追随功能。拥有两条腿让我们可以在凹凸不平的地面上行走，而靠轮子滑动的某种仿生机器人则做不到。我们还有两只互相配合的手，让我们可以举起并操控物体。长久以来，人类经过与世界的交互作用，外形已经跟环境相适应，并能有效地应对各种情况。因此，如果对机器人的要求类似于人类，给它们制造和人类相似的外形就显得很合乎情理了。

如果机器人不需要移动——例如饮料调配机器人、洗碗机器人或橱柜机器人——就不需要任何移动装置，无论是腿还是轮子。如果是煮咖啡机器人，它应该看起来像一台咖啡机，并将它改装成与洗碗机和橱柜相连接。吸尘机器人和割草机已经存在，它们的外形非常适合它们的工作：附有轮子的小型底盘状设备（见图 6.3）。汽车机器人则应该看起来像一辆汽车，只有用于普通用途的家庭机器仆人才适合采用动物或人类的外形。布鲁克斯构想的餐桌机器人可能会特别怪异，它的中央是巨大的圆柱，可以储存盘子和洗碗设备（具有完善的电力、供水和排水管道）。桌面上有空间让机械臂处理盘子，可能还有一些支撑摄影机的杆子，好让机械臂知道在哪里放置和收回盘子和刀叉餐具。

机器人应该有腿吗？如果它只需要在平滑的地面上移动，安装轮子就足够了。但是，如果它需要在不平坦的地面或楼梯上移动时，机械腿就能大派用场了。在这种情况下，我们能够预见到，第一个有腿的机器人会有四或六条腿，因为四条腿和六条腿的生物比两条腿的生物更容易保持平衡。

如果机器人需要在家中到处走动，并跟在人类后面收拾东西，它可能需要类似人类的外形：一个能够容纳电池，并且可以支撑腿、轮子或移动履带的身体；可以捡东西的手，以及装在顶部的摄影机，让它可以更清楚地观察环境。换句话说，有些机器人之所以看起来像动物或人类，并不是因为这样可爱，而是因为对于它们的工作来说，这是最有效的结构。这些机器人可能类似于 R2-D2（图片 6.1）：上面是一个圆柱形或矩形的身体，下面是一些轮子、履带或腿；某种可操控的机械臂或托盘，以及可以到处探测障碍物、楼梯、人、宠物、其他机器人的感应器，当然还有它们想要与其互动的东西。除了纯粹的娱乐价值外，我们很难理解为什么想要一个看起来像 C-3PO 那样的机器人。

实际上，制造一个像人一样的机器人可能会产生反效果，让它变得不那么受欢迎。日本机器人专家森政弘[8]认为，我们很难接受外表看起来像人而表现却很差的人造机器，这是由电影和戏剧中可怕的妖魔鬼怪（想象一下《弗兰肯斯坦》中的怪物）揭示的一个观念，它们披着人类的皮囊，但是行径残暴，面目可憎。然而，即使是完美的人类复制品，也可能有问题，因为我们可能会难以区分人类和机器人，从而引致情感焦虑［许多科幻小说都探讨过这一主题，尤其是菲利普·K·迪克（Philip K. Dick）[9]的

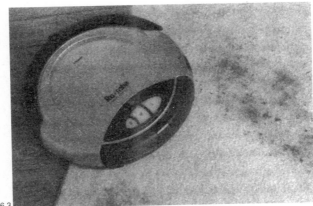

图6.3

图6.4

机器人应该是怎么样的?
伦巴是一个吸尘机器人，它的形状适合于在地板上和家具底部活动。这个机器人既不像人类，也不像动物，而且它也不需要具备这样的外形，它现在的造型就很适合它的操作。(图片提供：iRobot 公司)

机器人脸部复杂的肌肉组织
麻省理工学院辛西娅·布雷齐尔教授和她的机器人里昂纳多。(摄影：本书作者)

《机器人会梦见电子羊吗？》（*Do Androids Dream of Electric Sheep?*）和电影版的《银翼杀手》（*Blade Runner*）]。按照我们争论的这一观点，C-3PO 可以摆脱它酷似人类的外表所带来的麻烦，因为它的样子和举止笨拙，使它看起来更可爱或甚至让人生气，而不具有威胁性。

那些满足人类需求的机器人，例如宠物机器人，应该看起来像鲜活的生物，只要再融入我们的本能系统，就能预先设定如何诠释人类和动物的身体语言及脸部表情。因而，如果机器人是被设计用于与人类顺利互动，那么一个动物或小孩的外形，再加上适当的身体动作、脸部表情，就是最有效的组合。

机器人的情绪和情感

机器人需要什么情感呢？答案取决于我们指的是哪种机器人、它要执行的任务、环境状况和它的社会生活情况。它需要跟其他机器人、动物、机器或人类互动吗？如果需要，它就要表达自己的情感状态，以及揣摩与它互动的人和动物的情感。

以普通的日常家用机器人来说，虽然它们仍未面世，但是终有一天我们的家里会住着机器人。有些家用机器人会被安装在某个特定的地方，例如厨房机器人家族：橱柜、洗碗、饮料调配、食品分配、煮咖啡或烹调等机器人。当然，还有洗衣服、烘干、熨衣服和叠衣服的机器人，也许还要配有衣柜机器人。有些机器人则可以移动，但也是具有专门用途的，例如吸尘和割草机器人。不过，我们可能至少会有一个多用途的机器人：这个家庭机器仆人负责给我们递咖啡、整理家居、做一些简单的差事，以及照顾和监督其他机器人。这是最受瞩目的家用机器人，因为它必须是最灵活、最先进的机器人。

机器仆人需要与我们及家里的其他机器人互动。对于其他机器人来说，它们可以通过无线方式进行沟通，可以讨论正在做的工作，说说自己的工作负担是否过重或过于清闲。当它们电量过低、遇到困难或出错时，可以联络其他机器人求助。但是，机器人如何与我们互动呢？

机器仆人要能够与主人沟通，能够发号施令、澄清不明确的指示、应对中途改变指令（"不要咖啡了，给我一杯清水吧"），以及能处理各种复杂的人类语言。现在，机器人还达不到这种水平，因此它们只能依赖简单的指令或是一些遥控器，让人们可以按下适当的按钮，从而产生设定好的指令，又或者是从菜单中选择执行动作。但是，那样的时代一定会到来，那时我们就可以与机器人用语言进行互动，它们不但会听懂我们的话，而且还会理解其中的含义。

机器人应该在什么时候主动帮助主人呢？这需要机器人能够揣摩人类的情感心思。主人正在费力地做某项工作吗？机器人可能会想主动提供帮助。屋里的人正在争吵吗？机器人可能不想碍事，想到别的房间去。做了某件让主人高兴的事情吗？机器人可能想记住它，到适当的时候就再做一次。某件事做得不好，以致让主人失望了吗？也许可以改善一下，这样机器人下次会做得更好一点儿。由于上述的更多原因，我们需要将机器人设计得具有读懂主人情感状态的能力。

机器人需要有眼睛和耳朵（即摄影机和麦克风）去观察脸部表情、身体语言和听取言语间的情感因素。它必须对声音的音调、说话的速度和振幅具有较高的灵敏度，以便识别出愤怒、高兴、挫败或喜悦的情绪。它需要能够从赞美的话语中分辨出责备的语气。请注意，所有这些状态都可以通过音质分辨出来，不需要听懂那些话语或语言。此外，请注意，你可以单凭音调就能够确定别人的情感状态。你可以试试看：假设你处于以下一种情感状态中——愤怒、快乐、斥责或赞扬——在紧闭嘴唇的情况下表达你自己。你完全可以只通过声音而不说一句话来表达，这就是世界通用的声音模式。

同样，机器人应该像人类一样（或者更适当地说，像宠物狗或小孩一样）表达自己的情感状态，使得与它互动的人能分辨出它什么时候理解人的要求、什么时候觉得事情容易做或难做，或者甚至什么时候认为事情不恰当。同样，机器人应该在适当的时候表现出喜悦和不快、精力充沛或筋疲力尽、自信或焦虑。如果它陷入困境，无法完成一项任务，它应该表现出挫败感。机器人可以表达自己的情感状态，就跟人类表达自己的情绪状态一样具有重要意义。机器人的表情让人类能够理解它的情感状态，从而知道什么任务适合它做，什么不适合。这样一来，我们可以阐明自己的指令，或甚至可以提供帮助，最终学会怎么充分利用机器人的才能。

机器人技术和电脑研究领域中的许多人都认为，让机器人表达情感的方法是让它先确定自己是高兴还是伤心、生气还是心烦，然后展现适当的脸部表情，但通常都是对处于相同状态的人类进行夸张且拙劣的模仿。我强烈反对这种方法，因为这样做很虚伪，而且看起来也很虚伪。人类并不是这样做的，我们不会先决定自己高兴，然后再露出高兴的表情，至少通常不会这样。我们只有想愚弄某个人的时候才会这样做。不过，想想那些无论在什么情况下都要强颜欢笑的职业艺人，他们没有愚弄任何人——他们看起来是在强颜欢笑，而事实上也是如此。

人类展示脸部表情的方式是通过大量控制脸部和身体肌肉的自发神经反应。正面的感情可以让某些肌肉群放松，自动提拉许多脸部肌肉（因此形成微笑、眉毛上扬和拉起脸颊等表情），并且人们会向正面的事件和事物敞开心扉和拉近距离。负面的感情则会带来相反影响，引起某些肌肉群的收缩，使得人们拒绝这些负面的事物。有些肌肉会绷紧，有些脸部肌肉会向下垂（因此形成皱眉）。大部分情感状态都是正面和负面效果的复杂混合物，受到不同程度的刺激，并且还带有之前残留着的情感，因而产生丰富的、富含信息的真实表情。

虚伪的情感看起来虚情假意：我们擅长捕捉想利用我们的虚伪意图。

因此，许多与我们互动的电脑系统——那些可爱的、笑容可掬的小帮手以及甜美的人造声音和表情——与其说是有用，不如说是恼人。

我认为，机器确实应该具备并且能够展现情感，让我们可以更好地与其互动。这正是它们的情感需要跟人类一样自然和常见的原因。它们必须是真实的，是机器人内部状态和处理程序的直接反应。我们需要知道机器人在什么时候会感到自信或困惑、安全或担忧，是否理解我们提出的问题，是否按我们的要求办事，是否无视我们。如果脸部和身体表达反映了潜在的处理程序，那么它们所表达的情感看起来就是真实的，因为它们本身是真实的。这样，我们就可以诠释它们的状态，它们也可以揣摩我们的状态，沟通和互动就能更协调地进行。

我并不是唯一一个做出上述结论的人。麻省理工学院的罗莎琳德·皮卡特（Rosalind Picard）教授曾经讨论机器人是否应该拥有情感。"我不确定它们是否必须拥有情感，直到我开始写一篇论文，关于它们在没有自己的情感的情况下，如何聪明地对我们的情感做出回应。在写这篇论文的过程中，我认识到，如果我们赋予机器人情感，问题将会变得容易多了[10]。"

机器人一旦拥有情感，它们就需要以人类可以理解的方式来表达情感，也就是说，类似于人类的身体语言和脸部表情。因此，机器人的脸部和身体应该拥有像人类肌肉一样的内部制动装置，根据机器人的内部状态做出行动和反应。人类脸部的下巴、嘴唇、鼻孔、眉毛、前额、脸颊等部位拥有丰富的肌肉群，这些复杂的肌肉群形成了复杂的信号系统。如果以类似的方式制造机器人，那么机器人在事情进展顺利时就会展现自然的笑容，在遇到困难时就会皱眉。为了达到这个目的，机器人设计师需要研究并理解人类表情的复杂工作方式，也就是它与情感系统紧密相连的丰富肌肉群和韧带。

实际上，要充分地展现脸部表情是很困难的。图6.4展示了辛西娅·布雷齐尔（Cynthia Breazeal）教授在麻省理工学院媒体实验室设计出来的机器人里昂纳多（Leonardo），它被设计成可以控制一系列的脸部特征以及脖子、身体和手臂的运动，使得它能更好地与我们进行社交和情感上的互动。我们的体内进行着许多运作，因此机器人的脸部也应该有同样复杂的运作。

但是，机器人的潜在情感状态是什么呢？它们应该是怎样的呢？正如我论述过的，机器人至少应该恐高，对热的东西小心翼翼，对可能引起损伤和伤害的情况很敏感。恐惧、焦虑、痛苦和不悦，可能都是适合于机器人的情感。同样地，它们也应该拥有正面的情感状态，包括愉悦、满意、感激、高兴和自豪，这些情感可以让它们从自己的行为中吸取经验，在可能的情况下重复这些正面的行为，并且加以改进。

惊讶也许是必不可少的情感。当发生意外时，感到惊讶的机器人应该将其解读为一个警告信号。如果一间房子突然变暗了，或者是机器人撞到一些它意想不到的东西时，谨慎的反应就是停下所有动作，并且找出原因。惊讶意味着实际情况和预期中的不一样，计划中或进行中的行动可能就不再适合了，因此需要停下来，并且重新做出评估。

某些状态，例如疲劳、疼痛或饥饿，这些都是比较简单的，因为它们不需要期待或预测，而只需要监管内在的感应器。（从技术上而言，疲劳和饥饿并不是情感状态，但是可以把它们当作情感状态来对待。）对于人类来说，身体状态的感应器会显示疲劳、饥饿或疼痛。实际上，痛苦是一个极其复杂的系统，人类至今尚未完全理解。疼痛系统拥有数百万个疼痛接收器，加上大量用于解读有关信号的大脑中枢，它们有时会提高敏感度，有时会加以抑制。疼痛是十分重要的警告系统，它阻止我们伤害自己，如果我们受伤，就会被提醒不要再加重受伤部位的疼痛。最终，如果机器人因为肌肉或关节拉伤而感到疼痛，它会自动地限制自己的行动，从而使自己免受进一步的伤害。

挫败感是一种十分有用的情感，它可以防止机器仆人深陷某项工作而忽略了其他职责。下面我们来谈谈机器仆人是如何工作的。我让机器仆人给我倒一杯咖啡，于是机器仆人走到厨房，而煮咖啡机器人告知没有咖啡供应，因为它那里没有干净的杯子。然后煮咖啡机器人向橱柜机器人要杯子，假设没有干净的杯子，接着，橱柜机器人会将这个要求传达给洗碗机器人。假设洗碗机器人那里没有脏杯子可洗，洗碗机器人将要求机器仆人去找一找有没有脏杯子可洗，然后它会把洗干净的杯子交给橱柜机器人，再传送给煮咖啡机器人，最后由它把咖啡交给机器仆人。唉！然而，机器仆人可能会拒绝洗碗机器人让它到屋子里找杯子的要求，因为它仍然忙于自己的主要工作——等待咖啡。

这种现象被称为"死锁"（deadlock）。在这种情况下，什么事情都做不了，因为每个机器人都在等下一个机器人，而最后一个机器人则在等待第一个机器人。要解决这一问题，我们可以赋予机器人更多的智慧，让它们学习如何解决每个新问题，但是，新问题的出现总是比设计师预期的要快。这种"死锁"很难消除，因为它们都是由不同的情况引起，而挫败感则提供了普遍的解决方案。

挫败感对于人和机器来说，都是一种有用的情感，因为当事情完成时，我们应该处理其他工作。机器仆人会在等候咖啡时感到失落，因此它要暂时放弃。只要机器仆人放弃倒咖啡的要求，它就有空去注意洗碗机器人的请求，走过去找咖啡杯，这样就会自动解决"死锁"问题：机器仆人会找到一些脏杯子，然后拿给洗碗机器人，最终就能让煮咖啡机器人煮好咖啡，我就可以拿到咖啡了，尽管这样会有点儿延迟。

机器仆人可以从这次经验中学习到什么呢？它应该将定期收拾脏盘子的工作添加到它的活动行程表中，这样洗碗机器人和橱柜机器人就不会没有杯子了。在这里，自豪感能派上用场。如果没有自豪感，机器人就不会在乎，就没有动力学习如何把事情做得更好。在理想的情况下，机器人会为解决困难以及不会再犯同样的错误而感到自豪。这种态度要求机器人拥有正面的情感，一种让它们自我感觉良好的情感，使得它们的工作做得越来越好，并且不断改进，也许甚至会主动处理新工作，或者是学习新的工作方式。机器人以做好一项工作而自豪，以取悦自己的主人而自豪。

感知情感的机器

> 对老师们来说，情感上的心烦意乱会干扰人的精神生活[11]，这已经不是什么新闻了。处于焦虑、生气或沮丧状态中的学生不会学习，处于这些状态下的人们无法有效地接收或处理信息。
>
> ——丹尼尔·戈尔曼（Daniel Goleman），《情感化智慧》

假设机器人可以感知人类的情感。如果它们可以像临床医学家一样，对它们的使用者的心情非常敏感，会怎么样呢？如果由电脑控制的电子教学系统可以感知学习者什么时候做得好，什么时候感到挫败，或者什么时候进展顺利，又会怎么样呢？如果家用电器和未来的机器人可以根据主人的心情而改变它们的操作，那又会怎么样呢？

罗莎琳德·皮卡特教授[12]在麻省理工学院的媒体实验室主导了一项名为"情感计算"（Affective Computing）的研究，尝试开发一种机器，这种机器可以感知与之互动的人类的情感，然后做出相应的回应。她的研究小组在开发能够感知恐惧和焦虑、不悦和悲伤的测量仪器方面，取得了重大进展。当然，还有满足和快乐。图6.5取自他们的网站，展示了必须解决的各种问题。

如何感知某人的情感呢？人类的身体会以多种方式展现自己的情感状态。当然，包括了表情和身体语言。人类可以控制自己的表情吗？嗯，可以，不过本能层次是自动运作的，虽然行为层次和反思层次可以设法抑制本能反应，但似乎无法完全抑制住。即使是最善于控制自己情感的人[13]——所谓的扑克脸（poker-face），他们无论面对什么情况，都能保持中庸的情

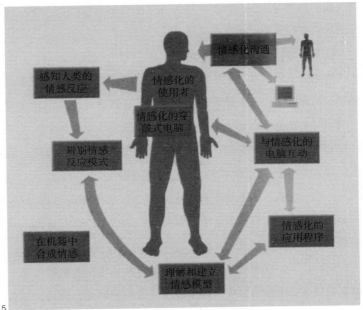

图6.5

麻省理工学院的情感计算程序
该图表指出了人类情感系统的复杂性，以及正确监控情感所要对的挑战。摘自麻省理工学院罗莎琳德·皮卡特教授的作品。[图片提供：罗莎琳德·皮卡特和乔纳森·克莱因（Jonathan Klein）]

感反应。但即使是这样的人，仍然会有细微的表情——一些可以被经过训练的观察者捕捉到的稍纵即逝的表情。

除了肌肉群的反应之外，还有很多生理上的反应。例如，尽管眼睛瞳孔的大小会受到光线强度的影响，但它仍然是情感变化的指示灯。当人们感到有兴趣或被激起某种情感时，瞳孔就会放大。当人们正在努力解决某个问题时，瞳孔也会放大。这些反应都是无意识的，因此人们很难——或许没有可能——控制它们。职业赌徒有时在昏暗的房间里也会戴着有色眼镜，这是为了防止他们的对手捕捉到他们瞳孔大小的变化。

心跳、血压、呼吸频率和流汗量都是用于推测情感状态的常见指标。即使流汗量少到不易被人察觉，都可以引起皮肤电传导率的变化。只要采用适当的电子设备，就可以探测到所有这些指标。

问题在于，这些简单的生理指标是对情感状态的间接测量，每种指标都会受到很多因素的影响，而不仅仅是情感或情绪。因此，尽管这些指标被广泛应用于临床和实际情况中，但也必须小心地解读。因而，所谓测谎仪（lie detector）的运作方式，其实就是情绪探测仪。这种方法在技术上被称为"多种波动记录测试器"（polygraph testing），因为它同时记录和绘制多种生理指标，例如心跳频率、呼吸频率和皮肤传导等。测谎仪不探测谎言，它测试一个人对审查者提出的一系列问题的情绪反应，有些受测者被推断是诚实的（所以他们的情绪反应较轻微），有些则是不诚实的（所以他们的情感反应较为强烈）。从这里可以看出，为什么测谎仪备受争议，因为无辜的人可能会对尖锐的问题产生强烈的情绪反应，而有罪的人可能对同样的问题无动于衷。

有技巧的测谎仪操作者通过控制提问来核实受测者的反应，设法弥补这一缺陷。例如，通过问一个他们认为会得到谎言答案的问题，但是这个问题与手头上的问题无关，他们就可以看出受测者撒谎时是什么样子的。要达到这个目的，可以与嫌疑犯面谈，然后提出一系列为了刺探出异常行为的问题。审查者对这些问题并不感兴趣，但是嫌疑犯却可能会撒谎。在美国通常问的一个问题是："你在十几岁的时候有没有偷过东西？"

因为测谎仪记录的是当前与情感相关的生理状态，而不是谎言本身，因此并不是十分可信，可能会出现遗漏（因为没有产生情感反应而察觉不出说谎）和错误警报（紧张的嫌疑犯会产生情感反应，即使他/她是无辜的）。这些机器的资深操作员意识到这些缺陷，有些人使用测谎仪作为引导嫌疑犯认罪的方式：那些真的相信测谎仪懂得"读心术"的人可能会因为害怕接受测试而招供。我曾经跟那些相熟的操作者交谈，他们对于我们针对测谎仪的批评十分赞同，但是他们都为曾经引导嫌疑犯主动招供而感到自豪。然而，即使是清白无辜的人有时也会招认子虚乌有的罪行，这看起来也许很奇怪。测谎仪记录的准确性存在诸多缺陷，美国国家研究院的全国研究委员会[14]为此开展了一次漫长而全面的研究，调查结论显示，对于安全审查和法律方面的用途来说，多种波动记录测试器存在着太多的缺陷。

假设我们可以检测到一个人的情绪状态，那么我们应该做出怎样的回应？这是一个仍未解决的重大问题。以教室场景为例，如果一个学生遇到挫折，我们应该设法消除他的挫败感，还是引导他面对学习过程中的挫折？如果汽车驾驶员感到紧张和有压力，应该采取何种适当的反应？显然，对于某种情感的适当反应需要视情况而定。如果学生因为获取的信息不清晰或难以理解，那么对于老师来说，了解这样的挫折感是十分重要的，他们可能可以通过进一步的解释来改善这一现象。（然而，在我的经验中，这种情况几乎不可能发生，因为最初引起这种挫折感的老师往往不懂得如何改善这一现象。）

如果挫折感是由问题的复杂性引起的，那么老师的适当反应就是什么也不要做。学生在尝试解决稍微超出自己能力的问题或者做一些从来没做过的事情时，遭受挫折也是很平常的。事实上，如果学生没有偶尔遇到挫折，也许是一件坏事，这意味着他们没有承担足够的风险，没有充分地鞭策自己前进。

此外，对遭遇挫折的学生进行重新评估或许有所裨益，可以向学生们解释，一定程度的挫折是适宜的，甚至是必要的。这是良性的挫折，可以促进学生改善和学习。然而，如果挫折持续太久，会导致学生放弃，认为问题超出了他们的能力范围。这时，就要提出建议、指导性说明或其他指引。

如果学生遭遇的挫折与课堂无关，那也许是个人经历造成的，也许是课堂以外发生的事情。这时，我们不清楚可以采取什么行动。无论是人还是机器担任教师，都不是很好的心理治疗师，而表达同情可能也不是最好或最适当的回应。

可以感知情感的机器人是一个新兴的研究领域，它提出的问题与它能够解决的问题一样多，包括了机器如何捕捉情感以及如何确定最适合的回应方式。请注意，当我们努力确定如何让机器做出适当的反应时，其实我们在这方面也不怎么擅长。对于正在经历情绪困境的人，许多人都不知道怎么做出适当的回应，有时他们的努力会适得其反。而许多人还会出人意料地对别人的情感状态感觉迟钝，即使是他们很熟悉的人。那是因为，处于情绪压力下的人，会很自然地设法隐藏自己的真实感受，而大多数人都不是捕捉情感信号的专家。

尽管如此，这仍然是一个非常重要的研究领域。即使我们不可能开发出可以完全应对自如的机器，但通过这样的研究，我们应该能获取关于人类情感和人机互动的信息。

诱发人类情感的机器

即使是用最简单的电脑系统，也能轻而易举地给人类带来一次强烈的情感经历。最早的类似经验也许就是关于伊莱扎（Eliza）的事例[15]，这是一套由麻省理工学院的电脑科学家约瑟夫·魏泽尔巴姆（Joseph Weizen-baum）开发的电脑程序。伊莱扎是一套简单的程序，按照程序员（最初是魏泽尔巴姆）预先准备的少量对话脚本来运行。伊莱扎可以根据脚本上准备的话题和人进行互动。例如，当你开始执行这个程序时，它会向你问候："你好，我叫伊莱扎，有什么需要帮忙吗？"

如果你输入这样的回答："我很关注世界上日益加剧的暴力行为。"伊莱扎会回应道："你关注世界上日益加剧的暴力多久了？"这是一个挺适合的问题，因此通常会这样回答："大约从几个月前开始。"然后，伊莱扎会回答道："请继续。"

你可以想象得出你是如何被这样的对话所吸引：你关注的问题得到了共鸣。不过，伊莱扎不理解这些语言，它只是找到相应的模式，并做出适当的回应（当它遇到不能识别的模式时，它就会回答"请继续"）。因此，愚弄伊莱扎是很容易的，只要输入"我关注 abc、def 和 ghi 的事情"，伊莱扎会忠实地回答道："你关注 abc、def 和 ghi 的事情多久了？"

伊莱扎只能识别出"我关注某某某"这样的短语，在根本不理解它的意思的情况下，回答道："你关注某某某多久了？"

大多数人都会认真地对待伊莱扎，并不会刻意地欺骗它。他们会认真地对待每一个回答，还会仔细思考其中隐含的意思。因此，他们有时会在深入的哲学讨论中发现自我，或者会与那个最受欢迎版本的伊莱扎讨论他们最隐私的秘密，在该版本中，伊莱扎被编写成像心理医生一样。

在 20 世纪 60 年代中叶，我的一位老朋友兼研究伙伴丹尼尔·博布罗（Daniel Bobrow）是 BBN 的研究科学家。BBN 是一家位于马萨诸塞州剑桥市从事人工智能、电脑网络和声学研究的公司。博布罗告诉我，一位程序员为了让伊莱扎在 BBN 的电脑上运行，一直奋战到星期六凌晨 5 点，然后回家，让程序继续在电脑上运行。（在那个年代——当时是 1966 年——大家对于个人电脑根本闻所未闻，只有最先进的公司，例如 BBN，才会提供电脑给员工使用，这也是为什么程序员必须在晚上加班，以争取时间使用电脑。）

星期六上午，博布罗所在部门的副总回到公司向客户展示这台电脑。他看到电脑正在运作，便以为是博布罗在家操控这台电脑，于是"决定选用'明显'的沟通模式"与他交谈。因此，副总在电脑上输入了一些问题，但当时博布罗正在家里睡觉。实际上和副总交谈的是伊莱扎，而副总却以为这些回答来自博布罗。

> 副总：我今天上午可以使用这台电脑吗？[16]
>
> 伊莱扎：你为什么这样问呢？
>
> 副总：我可能要做一些额外的电信销售。
>
> 伊莱扎：你为什么不能确定呢？
>
> 副总：我的潜在客户还没看过这个系统的演示。
>
> 伊莱扎：这对你来说很重要吗？
>
> 副总：当然重要。
>
> 伊莱扎：你看起来很肯定哦。
>
> 副总：真是荒唐。
>
> 伊莱扎：你是什么意思，真是荒唐？
>
> 副总：有什么原因导致我现在不能使用电脑吗？
>
> 伊莱扎：关于你的潜在客户，请告诉我更多信息。
>
> 副总：请打电话给我：491–1850。

在那个年代，电脑的功能还不是很强大，伊莱扎程序判断一个人是否说完一句话的唯一方法就是找出句号。在最后一行对白之前，副总每句话说完都打上句号，但是最后一行他省略了。结果，电脑一直在等待更多的词语输入，因而没有回答。博布罗告诉我："这激怒了副总，他认为我在要他，于是打电话给我，把我从睡梦中吵醒，他对我说：'你为什么对我这么无礼？'我不解地问：'为什么你说我对你无礼？'"接着，博布罗告诉我："那位副总生气地给我读'我们'之间的对话，我在这边笑而不语，过了一段时间他才相信和他对话的真的是电脑。"

正如博布罗在我跟他讨论这种互动时告诉我的那样："你可以看到他很在乎别人对他所提出问题的回答，他觉得我的意见影响了他的情绪。"我们都非常信任别人，这让我们很容易被愚弄，在我们没有被认真对待时，我们会感到非常生气。

伊莱扎之所以具有如此强大的影响力，与我在第五章论述的人类倾向性有关，人类相信任何智慧式的互动都必须由人类或至少是智慧生命发起，也就是拟人化。此外，因为我们信任别人，所以我们常常会认真对待这些互动。伊莱扎是很久以前编写的程序，但是它的创作者约瑟夫·魏泽尔巴姆却对这么多人认真对待和这个简易系统之间的互动而感到震惊。他因为担忧而写了《计算机威力与人类理性》（*Computer Power and Human Reason*）[17]这本书，书中他非常中肯地指出，这些浅显的互动对人类社会是有害的。

自从编写了伊莱扎以后，我们已经取得了长足的进步。现在的电脑比20世纪60年代的要强大数千倍，更重要的是，我们对人类行为和心理的了解也取得了明显进步。因此，我们现在编写的程序和制造的机器人并不像伊莱扎那样，而是拥有真正的理解能力，可以展露真实的情感。不过，这并不意味着我们已经摆脱了魏泽尔巴姆担心的事情。接下来，我们一起来看看克斯梅特（Kismet）吧。

图 6.6[18]是克斯梅特的照片，它是由麻省理工学院人工智能实验室的研究小组开发出来的，在辛西娅·布雷齐尔的《设计善于交际的机器人》（*Designing Sociable Robots*）[19]一书中有详细的报告。

我在前面论述过，即使完全不理解一种语言，也能感知谈话时的潜在情绪。生气、责备、恳求、安慰、感激和赞扬的声音都具有独特的音调和频率。我们可以判断出别人正处于哪种情感状态，即使他们说的是外语。我们的宠物也经常可以通过我们的身体语言和声音中的情感模式来感知我们的心情。

克斯梅特利用这些线索来探测与其互动的人的情感状态。

克斯梅特以摄影机充当眼睛，以麦克风充当耳朵。克斯梅特拥有一套非常精密复杂的结构，用于诠释、评估和回应外界环境。如图6.7所示，它结合了感知、情感和注意力来控制自己的行为。如果你走向克斯梅特，它会把脸转向你，用眼睛直视着你。但是，如果你只是站在那里，动也不动，它会觉得无聊而东张西望。如果你说话，它会对声音的情感音调特别敏感，对鼓励性的、有益的赞扬表现出很有兴趣和很高兴，而对责备感到羞愧和悔恨。克斯梅特的情感世界很丰富，它还可以移动头部、脖子、眼睛、耳朵和嘴巴来表达情绪。悲伤的时候，它的耳朵会低垂着；兴奋的时候，它会振作起来；不开心的时候，它会耷拉着头和耳朵，嘴巴也会向下弯。

与克斯梅特互动是一次饶有趣味的经历。很难相信，克斯梅特只拥有情感而完全没有理解能力。不过，当你走到它身边兴奋地跟它说话，并向它展示你的新手表时，它会做出适当的回应：它看着你的脸，然后看看你的手表，接着又看回你的脸，它在全过程中通过抬起眼皮和竖起耳朵来表达它的兴趣，并且表现得兴致勃勃。这正是你想要从谈话对象那里得到的回应，即使克斯梅特完全不理解这些语言以及有关手表的事情。它怎么知道要去看你的手表呢？它不知道，但是它会对你的动作做出回应，所以它会看着你抬起来的手。当动作停止时，它会觉得无聊，然后转为看你的眼睛。它显得很兴奋，因为它探测到了你的音调。

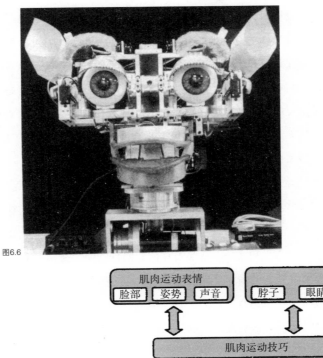

图6.6

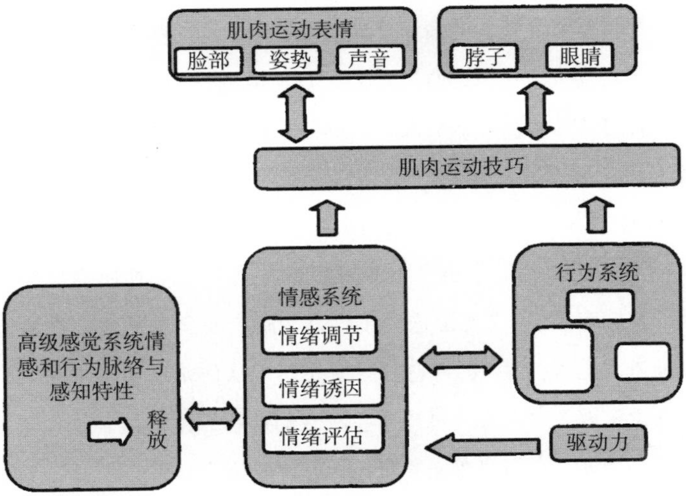

图6.7

机器人克斯梅特
克斯梅特是一个被设计用于社交互动的机器人，看起来有点儿吓人。(图片提供：辛西娅·布雷齐尔)

克斯梅特的情感系统
克斯梅特运作的核心是感知、情绪和行为的互动。(经辛西娅·布雷齐尔同意后重新绘制并稍微修改了图表，摘自 http://www.ai.mit.edu/projects/sociable/emotions.html)

请注意，克斯梅特跟伊莱扎有一些共同特征。因此，尽管这是一个复杂的系统——具备了身体（嗯，有头部和脖子）和充当肌肉的多个发动机，以及负责注意力和情感的基本复合模型——但是它还缺乏真正的理解能力。因此，它对人类展现出的兴趣和厌烦只是对环境变化或是缺少变化的环境的设定反应，以及对动作和语音的物理层面的回应。尽管克斯梅特有时候可以让人们着迷很长一段时间，但这种着迷有点儿类似于伊莱扎：大部分复杂性来自观察者的诠释。

索尼的机器宠物狗"爱宝"拥有的情感元素和智力远不及克斯梅特。虽然如此，但事实证明主人对它无比着迷。许多机器宠物狗主组建了俱乐部，有些甚至拥有几只机器狗。他们互相交流如何训练机器宠物狗玩各种把戏，并且分享心得和技巧。有些人坚信他们自己的"爱宝"可以认出自己，还懂得听从他们的命令，即使它们做不了这些事。

当机器人表达情感时，它们会与人类进行丰富且让人满意的互动，即使大部分的丰富度和满意度、大部分的诠释和理解能力都来自人类的头脑而不是人工系统。麻省理工学院教授、心理分析家雪莉·特克（Sherry Turkle）总结了这些互动，她指出："它告诉你更多关于我们人类的事情，而不是关于机器人。"这里再次使用拟人化：我们在所有事物中解读出人类的情感和意愿。"无论这些事物是否拥有意识或智慧，都激励着我们继续前进[20]。"特克说道："它们促使我们承认仿佛这些事情是它们做的，我们被设定以人道的方式对待这些新型创造物，关键在于这些东西想得到你的精心培养，它们会在你的照料下茁壮成长。"

注解：

1. "戴夫，停下来……"：摘自电影《2001太空漫游》，比佐尼，第60页。

2. C-3PO和R2-D2的照片：《星球大战4：新希望》，1977和1997卢卡斯电影有限公司及TM版权所有，授权使用，未授权的复制均属违反相应法律的行为。

3. "心理学家罗伯特·瑟库勒和伦道夫·布莱克": 瑟库勒和布莱克, 1998。

4. "人类的神经系统受到损伤时": 达马西奥, 1994, 1999。

5. "20世纪80年代属于个人电脑": 索尼数字生物实验室负责人土井利忠, 2000年11月。

6. "尼尔·斯蒂芬森的科幻小说": 斯蒂芬森, 1995。

7. "罗德尼·布鲁克斯, 这位处于世界领先地位的机器人专家": 布鲁克斯, 2002, 引文出自第125页。

8. "日本机器人专家森政弘": 《机器人的佛学》, 森, 1982。在什么时候机器人会太接近于人类的外形? 我们在这方面的争论来自戴夫·布赖恩特的文章 (布赖恩特, 未注明日期)。布赖恩特将该争议归咎于森政弘, 但是我购买并阅读了森政弘的著作, 尽管我很喜欢这本书, 但是我找不到与这个争论有关的丝毫迹象。无论如何, 这都是一个很好的观点。

9. "菲利普·K·迪克": 迪克, 1968。

10. "我认识到, 如果我们赋予机器人情感, 问题将会变得容易多了": 皮卡特摘自卡维洛斯的引文, 1999, 第107~108页, 我在2002年参观她的实验室时, 她又再次强调这点。

11. "情感上的心烦意乱会干扰人的精神生活": 戈尔曼, 1995, 引文出自科特、赖利、皮卡特, 2001。

12. "罗莎琳德·皮卡特教授": 皮卡特, 1997。

13. "即使是最善于控制自己情感的人": 这个基本研究由保罗·埃克曼开展, 埃克曼, 1982, 2003, 其中一段最著名的描述出自马尔科姆·格拉德韦尔发表于《纽约客》的文章, 格拉德韦尔, 2002。

14. "美国国家研究委员会。": 美国国家研究委员会对有关多种波动记录器科学证据的研究, 2002。

15. "最早的类似经验也许就是关于伊莱扎的事例": 有关伊莱扎的研究工作在20世纪60年代展开, 魏泽尔巴姆的著作进行了评论, 魏泽尔巴姆, 1976。

16. "我今天上午可以使用这台电脑吗?": 丹尼尔·博布罗、伊莱扎和副总裁之间的对话。贵泽迪尔·居文和斯特凡诺·弗朗奇整理了这段对话内容, 我将其从网站上拷贝下来，贵泽迪尔和弗朗奇，1995。另外，我还通过谈话和电子邮件与博布罗进行了细节确认，2002 年 12 月 27 日。

17.《计算机威力与人类理性》：魏泽尔巴姆，1976。

18. 图 6.6：克斯梅特的图片来自网站 http://www.ai.mit.edu/projects/sociable/ongoing-research.html（经过许可），如欲获取更详细的描述，请参看辛西娅·布雷齐尔的著作《设计善于交际的机器人》，布雷齐尔，2002。

19.《设计善于交际的机器人》：布雷齐尔，2002。

20. "无论这些事物是否拥有意识或智慧，都激励着我们继续前进"：特克摘录采访 L·康尼的谈话内容，出自 Wired.com（不过我更改了文法），康尼，2001。

第七章

机器人的未来

科幻小说可以是发掘想法和信息的有效来源，因为它实际上详细描述了剧情的发展。那些将机器人写入故事中的作者必须想象大量关于它们如何进行日常工作和活动的细节。艾萨克·阿西莫夫（Isaac Asimov）是最早一批探索机器人是一种蕴涵自主性和智慧的创造物的思想家，它们的智商和能力等同于（或甚至高于）它们的主人。阿西莫夫写了一系列小说，分析了如果地球上充满了自主式机器人，将会引起什么问题。他认识到，机器人可能会由于它的行动，或者有时由于它的不作为，而不经意地伤害到它自己或别人。因此，他研究出一套可以避免这些问题的基本原理，但是这样做之后，他又发现它们之间经常会互相冲突。有些冲突很简单：假设要机器人在伤害自己或人类之间做出选择，它应该保护人类。不过，其他冲突就显得微妙与困难得多。最后，他提出了机器人三大定律（第一、第二、第三定律），并且写了一系列小说，举例说明机器人将会遇到的两难局面，以及这三大定律如何帮助机器人处理这些情况。这三大定律解决了机器人与人类之间的互动问题，但是，随着他的故事情节发展到更加复杂的情形，他觉得有必要增加一条更基本的定律，以处理机器人与人类之间的关系。这条定律十分重要，必须以它为先。但是，因为他已经将另一条定律命名为第一定律，所以这第四条定律就只能被称作第零定律了。

在阿西莫夫眼里，人类和工业的运作都异常拙劣，只有他的机器人表现出色。我在准备写这一章之前重新阅读了他的作品，当初阅读时的美好回忆和我现在的反应形成强烈反差，我为此而惊讶不已。他书中的人类是如此的粗鲁无礼、男性主义至上和天真幼稚。除了在互相辱骂、打斗或嘲笑的时候，他们仿佛无法交谈。他的虚拟公司，即美国机器人和机械人公司，也经营惨淡。该公司非常神秘和爱操控别人，而且不允许出错，一旦你犯错，公司就会解雇你。阿西莫夫的一生都在大学里度过，也许这就是为什么他对现实世界有着这么怪异的见解。

不过，他关于社会对机器人的反应和机器人对人类的反应的分析却很有趣。而且，他也确实这样认为："世界上大多数政府将于 2003 至 2007 年间禁止使用任何目的的机器人[1]，科学研究除外。"（不过，允许用于太空探索和采矿。在阿西莫夫的小说里，这些活动在 21 世纪初已经广泛开展，这使得机器人工业得以生存和发展。）机器人定律是为了打消人类的疑虑，让机器人不会成为一个威胁，从而一直服从人类的命令。

今天，即使是最强大、最实用的机器人，也与阿西莫夫描述的阶段相距很远。如果没有人类的控制和协助，它们无法长时间运作。即便是这样，这些定律也是检验机器人和人类应该如何互动的最佳工具。

阿西莫夫的机器人四大定律[2]

第零定律：机器人不可以伤害人类的整体利益，也不可以在人类整体利益遭遇危险时，袖手旁观。

第一定律：机器人不可以伤害某一个人，也不可以在那个人遭遇危险时袖手旁观，除非与机器人第零定律相冲突。

第二定律：机器人必须服从人类的命令，除非这些命令与第零定律相冲突或与第一定律相冲突。

第三定律：机器人在不与第零、第一、第二定律相冲突的情况下，必须保护自身安全。

许多机器本身已经被直接装入了这些定律的关键内容，让我们来看看这些定律如何执行。

第零定律——"机器人不可以伤害人类的整体利益，也不可以在人类整体利益遭遇危险时袖手旁观。"这超出了机器人目前的能力，阿西莫夫在他早期的小说中不需要这一定律，很大部分也是出于以下原因：单单是确定某一行动或不作为是否会伤害到人类整体利益，这已经非常复杂了，也许还超出了大多数人的能力。

第一定律——"机器人不可以伤害某一个人，也不可以在那个人遭遇危险时袖手旁观，除非这与机器人第零定律相冲突。"这条定律也可以称为"安全定律"。制造出伤害人的物品根本就是非法的，更不用说是不恰当的了。因此，现在所有机器都拥有多重安全保护装置，将造成伤害的可能性降至最低。安全定律保证机器人和普通机器被安装上多重安全装置，以防止它们的行为会伤害到人类。工业机器人和家用机器人都装有接近和碰撞感应器。即便是简单的机器，例如电梯和车库门，都装有防止它们夹到人的感应器。现在的机器人都会设法避免撞到人或其他物体。割草机和吸尘机器人都有感应装置，当它们在撞到东西或者靠近某高处的边缘（例如楼梯）时会停下或退后。工业机器人通常会被围栏隔开，当它们工作时，人们不可以靠近。有些机器人装有人类探测器，当探测到附近有人时，它们会停下来。家用机器人装有很多机械装置，以便将伤害的风险降到最低。不过，在这种情况下，大多数机器人都会电量不足，即使它们想伤害别人也无法做到。此外，律师都会小心防范潜在的危险。一家公司出售的家用机器人可以给小孩子读书，同时还会看家，它会在家里到处查看，遇到意外状况时会拍下照片并通知主人，如果有必要的话，还会给主人发邮件（当然，是通过它的无线网络连接，将照片附在信息上）。尽管机器人具有这些预设用途，但是对机器人的使用也有严格的规定，既不能让它靠近小孩子，也不能将它单独留在家里。

为了实现第一定律中的安全措施，人们已经投入了巨大努力。我们认为，有关这方面的大部分工作都被应用在本能层次，当有关操作违反了安全定律时，就会用很简单的机械装置来关闭这个系统。

该定律的第二部分——不可以在那个人遭遇危险时袖手旁观——非常难执行。如果难以确定机器人的行为会如何影响人类，那么要判断袖手旁观会如何影响到人类，就更加困难了。这属于反思层次的行为，因为机器人必须进行大量的分析和计划，从而确定袖手旁观是否会带来伤害。这超出了现有大多数机器人的能力范围。

尽管遇到这些困难，但是仍然有一些简单的解决方案。许多电脑都插上了"不间断电源"，以避免在电力中断时丢失数据。如果电力中断，而且不采取任何措施，就会造成损失。但在上述情况下，当电力中断了，电源供应设备就会采取措施，切换到电池，把电池的电压转换为电脑要求的水平。它也可以设定为向使用者发出通知，让其可以从容不迫地关机。其他的安全系统则被设计为，当正常进程失效时，它就会采取措施。有些汽车安装了内置感应器，以便监视汽车行驶路线，通过调整引擎动力和刹车来确保汽车保持既定的行驶路线。我们尝试用自动速度控制器来保持汽车与前车的安全距离，而车道变更探测器也在研究当中。如果当不采取任何行动会引起事故时，这些设备就可以保障汽车和乘客的安全。

现在，尽管这些装置都还很简单，而且都是内置式的，但我们仍然可以看到有关第一定律的不作为条款的初步解决方案。

第二定律——"机器人必须服从人类的命令，除非这些命令违反了第零定律或第一定律。"这一条定律与服从人类有关，并且与第一定律形成对比，后者则是与保护人类有关。从很多方面来说，执行这条定律非常容易，不过又都是为了最基本的理由。现在的机器没有独立的思想，所以它们必须服从命令：它们别无选择，只能遵守人类发出的命令。如果它们失败了，将会面临最严厉的惩罚：它们会被关机，然后被送到维修厂。

机器可以为了保护第一定律而违反第二定律吗？可以，但是灵活性不高。当你指令一台电梯把你送到你想要去的楼层，如果它感应到有人或物体挡住了门，它就会拒绝执行命令。不过，这就是执行这条定律最简单的方式，当情况更复杂时，它可能会失效。实际上，当安全系统阻止机器执行命令时，人们通常都可以越过安全系统而允许机器继续运行。这是许多火车、汽车、飞机和工厂事故发生的原因。也许阿西莫夫是对的，我们应该让机器去决定某些事情。

某些自动配置安全系统是"袖手旁观"这一条款的例子。如果驾车者迅速刹车，但是没有完全踩下刹车踏板，大多数汽车就不会完全降速。然而，奔驰汽车考虑到了这种"袖手旁观造成的伤害"，当它探测到一个快速的刹车动作，就会将刹车踏板压到底，自动设定驾驶者想尽快停车。这是第一定律和第二定律联合产生的结果：对于第一定律，汽车防止给驾驶者造成伤害，而对于第二定律，汽车违反了驾驶者把刹车踏板踩到一半的"命令"。当然，这也许不是真的违反命令：机器人推测驾驶者打算把刹车踩到底，即使它没有收到这样的命令。也许机器人引用了新的规则："按照我的意思去做，而不是按照我说的话去做[3]。"这是早期人工智能电脑系统采用的一个旧概念。

尽管汽车的自动刹车功能执行了第二定律的部分规定，但是正确的执行方法应该是让汽车先检查前方的路况，然后自己决定应该如何把握速度快慢、刹车强度或是方向盘角度。只有这样做，我们才算真正彻底地执行了第一和第二定律。我再次向各位读者声明，这一切都正在开始实现。例如，有些汽车在太靠近前面的车辆时，即使驾驶者没有采取措施减速，它们也会自动降低速度。

我们暂时还没有遇到相互冲突的命令，但是我们很快就会拥有互动机器人，那时，机器人的要求可能会与人类管理者的要求相互冲突。那样的话，确定事情的先后次序和优先权就变得很重要了。

这些都是比较简单的例子，在阿西莫夫的设想中，还有汽车拒绝启动的情况——"对不起，因为今天晚上的路况太危险了。"我们还没达到这样的境界，但是，我们将会达到。到了那时，阿西莫夫的第二定律就会很有用了。

阿西莫夫认为，在所有定律中，自我保护是最不重要的一条——"机器人在不违反第零、第一、第二定律的情况下，必须保护自身安全。"——所以它被列为第三定律，是四大定律中的最后一条。当然，由于现在机器的性能仍然很有限，很少需要应用第一和第二定律，因此，在当今社会中，第三定律反而显得最重要。想想看，如果我们价值不菲的机器人被弄坏或者烧坏了自己，我们肯定会懊恼不已。因而，我们可以很容易地在现代机器中看到这条定律如何发挥作用。还记得安装在吸尘机器人里面，以防止它们从楼梯跌落的感应器吗？还有割草机器人装有撞击和障碍探测器，以避免被撞坏。另外，许多机器人都会监控自己的能量状态，在能量水平下降时，会确定进入"睡眠"模式还是回到充电站点。到目前为止，我们还不能很好地解决这一定律与其他定律之间的矛盾，除非有操作人员在场，由他们判断在什么情况下可以忽略安全因素。

我们目前还不能彻底执行阿西莫夫的四大定律，除非机器具备强大而有效的反思能力，包括元知识（meta-knowledge，对自身知识的认识）和对自身状态、行为和意图的自我意识。这就向人类提出了关于哲学和科学的难题，同时还向工程师和程序员提出了复杂的执行问题。这个领域正在不断发展之中，不过进展缓慢。

即便是当今相对简单的设备，要是能拥有一些这样的能力，也是非常有用的。因此，当发生矛盾时，忽略操作员的命令就是一个明智的决定。飞机的自动控制系统会监控前方的情况，以便确定飞行路线上的潜在情况，如果察觉到即将发生危险，就会改变航道。有些飞机真的尝试过在自动控制状态下飞进崇山峻岭中，因此，如果飞机具备上述能力，就能挽救无数的生命。事实上，许多自动系统已经开始进行这种检查工作了。

此外，即使是现在的玩具机器人，也具有一些自我意识。我们来看看这种机器人，它既由自己与主人玩耍的"意愿"控制，同时还会确保自己不会消耗完所有电量。当处于低电量状态时，它就会回到充电站点，即使人们还想继续跟它玩。

在我们执行类似于阿西莫夫四大定律的规则时，最大的障碍就是他关于自动操作和中央控制机制的基本假设可能无法应用于现在的系统。

阿西莫夫的机器人像个体一样工作，只要给它分配一项任务，它就会去做。在少数情况下，他也会让机器人以团队方式工作，由其中一个机器人担任管理者。此外，他从来不会让人类和机器人组成工作团队。然而，我们却更想制造具有合作性的机器人，在这样的体系下，人类和机器人或者机器人团队可以一起工作，就像一群合力完成一项任务的工人一样。合作行为要求一套不同于阿西莫夫的假设，因此，具有合作性的机器人需要这样一套规则，让它们可以充分交流各自的意图、当前状态和进展情况。

然而，阿西莫夫的主要错误[4]在于，他认为机器必须由人进行控制。他在写小说时，经常假设智能机器需要中央协调和控制机制，而且在这个机制下还设有等级组织架构。这是数千年来军队的组织方式：军队、政府、企业和其他机构。人们很自然地就会设想所有智能系统都采用相同的组织原理。但是，这并不是大自然的组织方式。自然界里各种各样的系统——从蚂蚁和蜜蜂的行为，到鸟类的集结成群，甚至是城市的发展和股票市场的架构——都是通过多个团体互动而产生的自然结果，而不是由某些中央协调的控制架构产生。现代控制理论也已经脱离了这种中央集权式的假设，分散式控制才是现代系统的标志。阿西莫夫假设每个机器人均由一个中央决策组织控制，根据他的四大定律指导它如何行动。但实际上，这可能并不是机器人工作的方式：四大定律是机器人结构的一部分，分布在它的机械装置的各个模块中，而这些模块会进行互动，从而产生遵循四大定律的行为。这就是现代概念，阿西莫夫在写作时还不理解这个概念，因此也难怪他没有达到我们今天对复杂系统的理解水平。

尽管这样，阿西莫夫仍然领先于他所身处的年代，具有划时代的前瞻性。他的小说写于 20 世纪 40 年代到 50 年代，但是在小说《机械公敌》（*I*，*Robot*）中，他引用了虚拟 2058 年出版的《机器人技术手册》中的机器人三大定律。因此，他预测了超过 100 年之后的事情。到 2058 年，我们可能真的需要他的定律。除此之外，正如上述分析所指出的那样，这些定律真的很重要，现在很多系统都在不经意间遵循着这些定律。执行这些定律的困难之处在于，如何处理由于不作为而造成的伤害，以及如何判断应该服从命令还是避免自己、他人受伤。

　　随着机器变得越来越能干，替代了越来越多的人类活动，并且能够自动运作而不需要人类直接监管，它们也将面对法律问题。在发生意外时，将由法律制度来确定孰是孰非。在出现这种情况之前，先设立一些道德规范是很有益处的。现在已经有一些适用于机器人的安全守则⁵，不过这些都是很基本的，我们需要制定更多的规定。

　　现在开始思考未来智能化和情感化的机器将会给我们带来的问题并不算太早，我们要考虑许多关于实践、道德、法律和伦理的问题。尽管很多问题都是将来才会遇到，但是我们也有充分的理由从现在开始做打算——如此一来，当问题发生时，我们已经做好了准备。

情感化机器和机器人的未来：含义和伦理议题

　　发展可以接替现在由人类完成的某些工作的智能机器，具有重要的伦理和道德含义。当我们谈到拥有情感并且人类可能对其形成强烈的情感依恋的仿人类机器人时，这一点更是尤为重要。

　　情感化机器人扮演的角色是什么？它们将与我们有怎样的互动？我们真的想要一些自主、自我定向、有广泛的行为自由、高智能化、有情感和情绪的机器吗？我想是的，因为它们能给我们带来很多益处。但是很显然，当机器拥有所有这些技能时，它们就会对我们构成威胁。我们需要确保人类能够永远处于监督和掌控的地位，确保它们能妥善地为人类服务。

　　机器人教师将会取代人类教师的地位吗？答案是否定的，但是它们可以作为一个补充。此外，在没有其他选择的情况下——在旅途中、在偏远的地方时，或者当某个人想研究一个主题却找不到教师时——它们足以让人们能够开展学习。机器人教师让终生学习变成可能。它们使得人们无论身处世界上的哪个角落、处于一天中的哪个时段，都能开展学习。学习应该是在有需要的时候、在学习者感兴趣的情形下进行，而不应该按照固定的、武断的学校课程表进行。

许多人都被这些可能性所困扰，以致他们把智能机器当作不道德的邪恶东西而拒之门外。尽管我不会这样做，但我确实能体谅他们的顾虑。然而，我发现智能机器的发展是势不可当的，并且大有益处。它的好处在哪里呢？譬如在诸如执行危险任务、汽车驾驶、商船引航、教育、医学以及例行工作的接管等领域。道德和伦理方面的顾虑又体现在哪里？很大程度也在上述所列举的活动中。下面让我以更深入细致的方式探讨它们的有益方面。

来看看其中一些益处。机器人可能被——在某程度上已经如此了——用于处理危险任务，这些任务如果由人类来完成的话，需要冒着生命危险。它们包括搜救工作、勘探和采矿等。问题在哪里？最重大的问题可能来自利用机器人来从事一些不合法或不道德的活动，如抢劫、谋杀及恐怖主义。

机器人汽车会取代人类驾驶员吗？我希望如此。每年，数以万计的人死于交通意外，另外还有数以几十万计的人在车祸中严重受伤。如果汽车能像商业航空一样安全，那不是很好吗？因此，自动交通工具将是一个极佳的挽救方法。此外，自动交通工具相互之间可以更加近距离地行驶，这能帮助缓解交通拥堵，而且它们还可以更加高效地行驶，这也有助于解决与驾驶相关的某些能源问题。

驾驶汽车似乎很简单，大多数时候并不需要什么技巧。结果，很多人会陷入一种安全和自信的错觉里。但危险常常突如其来，在这些情况下，那些心不在焉、技术不精、未经训练，以及暂时被毒品、酒精、疾病、疲劳或困乏侵袭的人，往往不能及时做出适当的反应，即使是受过良好训练的职业驾驶员也会发生意外。自动交通工具固然不能完全杜绝所有意外和伤害的发生，但可以大大降低目前的伤亡人数。是的，有些人真的很享受驾驶这项活动，但可以在特殊的道路上、在娱乐区域里和赛道上进行。日常驾驶的自动化将导致商用交通工具的驾驶员失去工作，但总体而言，它可以挽救生命。

机器人教师在改变我们的教学方式方面，也有着巨大的潜力。目前的教学模式往往是一位教师站在讲台上照本宣科地讲课，强迫学生听一些他们丝毫不感兴趣，而且与他们的日常生活毫不相干的内容。从教师的角度来看，按照教科书讲课是最简单的教学方式，但是对学生而言，这却是效率最为低下的方式。当劲头十足的学生对某个主题产生兴趣，然后努力钻研如何把其中的概念应用到他们关心的事情上时，这才是最有效的学习方式。没错，是努力学习，学习是一个积极和动态的过程，努力是其中的一部分。但当学生真正关注某些事情时，努力学习是令人愉快的。优秀的教学从来都不是通过说教，而是通过讲授、辅导和指导的方式来实现的。这是运动员学习的方式，同时也是电动游戏的魅力所在，只是在电动游戏中学生学习到的东西几乎没有什么实用价值而已。这些方法在学习科学（learning science）中很有名，被称为问题导向式、探索式的学习，或者构建式学习。

这就是情感起作用的地方。只有当学生充满动力、当他们关注某些事情时，学习才能取得最佳的效果。他们需要在感情上投入其中，需要被引导到主题令人兴奋之处。这就是范例、图表、插图、影像及生动的插图如此有效的原因。学习不必是一个沉闷枯燥的练习过程，即使是学习一般被认为沉闷枯燥的主题，也不必如此。每个主题都可以是令人振奋的，每个主题都可以激发某些人的情感，那么为什么不能激发所有人的情感呢？应该是时候让课堂变得生动活泼，让历史被视为人类的奋斗过程，让学生理解并欣赏艺术、音乐、科学和数学的结构了。怎么才能让这些主题变得令人振奋呢？答案是让它们与每个学生的生活关联起来，而让学生把他们的技巧投入即时的应用，则往往是最为有效的方式。开发出令人振奋、感情投入并且有效的学习体验，确实是对设计的一大挑战，值得世界上最有天分的人才来接受挑战。

通过为积极的、问题导向式的学习提供基本架构，机器人、机器或电脑可以为教学带来很大的帮助。电脑学习系统能够提供模拟的世界，学生可以从中探索科学、文学、历史或艺术方面的问题。机器人教师能够使搜索世界上的图书馆及知识库的工作变得相当容易。人类教师则不再需要讲课，他们只需要以教练和指导者的身份，把时间花在指导学生学习知识和学习最佳的学习方法上，这样学生就能终生保持求知欲和好奇心了，而且在必要时具有自学的能力。人类教师仍然是必要的，但是相比起现今的角色而言，他们可以发挥一种完全不同的、更具支持性和建设性的作用。

此外，尽管我坚信我们可以开发出如同斯蒂芬森在《钻石年代》中描述的角色那般高效能的机器人教师，但是我们也没必要舍弃现有的人类教师：自动化教师——无论是书本、机器或机器人——都只能作为人类教师的辅助者。即使是斯蒂芬森本人，他在自己的小说中也写到，他的明星学生对真实的世界和真实的人类一无所知，因为她大部分的时间都把自己封闭在小说的幻想世界里。

医学领域的机器人？没错，它们能够被用于医学领域的方方面面。然而，就像在很多其他的活动中一样，我预见到机器人将以一种合作的方式，即作为受过良好训练的人类医疗工作者的专业机器人助理，和他们一起提高医疗护理的质量和可靠性。

现在眼科的激光手术几乎全部由机器控制，其实任何其他要求高精度的活动都可以选择由机器操作。医疗诊断则比较复杂和棘手，我猜想有经验的内科医师还将会一直参与其中，但他们将受到动态智能机器的帮助，这些机器可以对先前病例、医疗记录、医疗知识及药物信息方面的庞大数据库进行评估。实际上这种援助需求已经存在，因为相关信息数量及新资讯的快速增长，已经对执业医生造成了几乎快无法承受的压力。而且，由于我们有了更好的诊断工具——更加高效的体液和生理数据分析、DNA 分析及各种身体扫描，当中的某些信息被定期收集并从病人家里甚至是工作场所直接发送到诊疗室，在这种情况下，只有机器才能跟得上信息增长的步伐。人类善于综合诊断和创造性的决策，善于从整体上综观全局，而机器则精于从大量的案例和信息文件中进行快速的搜索，而且不像人类记忆一样受偏误所支配。由受过训练的医疗人员和机器助手组成的团队合作，将远胜于他们各自单独工作。

　　当然，一个普遍的担心是机器人将从人类手中接管很多例行性的工作，从而导致大范围的失业和社会混乱。是的，将有越来越多的机器和机器人从人类手中接管工作，不仅是低技术含量的工作，而且还将逐渐包含管理工作在内的各种各样的例行工作。纵观历史，每一次新技术革命的浪潮都会淘汰一部分工人，不过，总体的结果都是延长了人类的寿命并提升了所有人的生活品质，包括最后增加了就业机会，尽管工作性质与此前不同。然而，在过渡时期，人们会处于遭到淘汰和失业的境地，因为新产生的工种所要求的技术往往和那些被淘汰的工人所具备的技术存在很大的差距。这是一个必须予以重视的重要的社会问题。

　　在过去，被自动化取代的大部分工作都是低端的、不需要掌握多少技术或受过一点教育就能从事的工作。然而在未来，机器人将倾向于取代一些需要高端技术的工作。电影演员会被电脑生成的人物取代吗？它们能像真人一样发声和表演，而且更能为导演所控制。机器人运动员会参加竞技比赛吗？即便不是和人类比拼，而是在它们的群体内比赛，但这仍然会导致人类体育竞赛的式微。这种情况也很可能发生在国际象棋锦标赛和联赛中，因为电脑棋手甚至可以击败最优秀的人类棋手。那么，诸如会计、簿记、绘图、仓管这些工作，甚至是简单的管理工作呢？它们会被取代吗？是的，所有这些都有可能被取代，有些甚至已经开始被取代了。会不会出现机器人音乐家？可能被机器人取代的工作不胜枚举，因而甚至有产生社会动荡的潜在危险。

当机器人被应用于类似太空探索、危险的煤矿开采或搜救任务之类的活动时，或者甚至是它们在家庭周遭做一些简单的事情时——诸如吸尘及其他家务杂事——它们不至于招致社会大众强烈的抵制。但是当它们开始接管大量的工作或者把很多人的例行工作取而代之时，那么确实会衍生出真正的忧虑，可能引起严重的社会问题。

我相信我们应该欢迎那些能消除许多工作中的沉闷乏味的机器，乏味的文书工作或许比许多低报酬的、例行的服务性工作更加没有价值。当然，这种欢迎是假设机器可以解放人类，让他们能投入到更具创造性的活动中，从中他们可以更加愉快、更加有效地发挥自己的聪明才智。

我曾经到访过世界上很多地方，这些地方的贫穷、连续的饥荒和高死亡率，让我对当今社会制度的优越性产生了怀疑。在印度的丝绸工厂里，我曾见过女童们被锁在厂房里，被迫从早到晚不停地纺织，禁闭在那里不能离开——如果没有人从外面打开门锁的话，即使发生火灾也不能从厂房逃离。我在历史方面的研究告诉我，这种对许多人的不公平、野蛮、冷酷的对待并不罕见，而且远在现代技术发展之前就已经存在。

是的，我看到了使用智能机器和机器人的弊端，但是我也看到了不使用它们的弊端。如果你愿意的话，把我称为乐观主义者吧，我相信人类在创造这些强大的设备时表现出来的聪明才智，最终也将使我们创造出更加丰富、更具启发意义的活动来为我们所有人服务。乐观主义并没有蒙蔽我的眼睛，我依然看到当今社会的不公平和存在的问题，但乐观主义反映了我的信仰，也就是我们将来必能战胜它们。没错，我们仍然存在贫穷、饥饿、政治上的不公平和战争，但这些更多是源自人类的邪恶而非科技的发展。我看不出为什么引进智能化、情感化的机器人和机器会改变这种状况，无论是在好的方面还是坏的方面。要改变邪恶，我们必须直面它。这是一个社会的、政治的和人类的问题，而不是一个技术上的问题。当然，这一点既没有把问题缩小，也没有把我们从寻求解决方案中释放出来。只是最后的解决方案必须是社会的和政治的，而不是技术的。

如果我把视野扩展到短期范围之外，这个问题将变得更加复杂。在某种意义上，机器人和其他机器将变得真正具有自主性。虽然这是很久之后的事情，也许是几个世纪之后，但它必将发生。到那时候，人类的生活真的会遭到巨大的破坏，大部分甚至全部的人类工作都能由机器人完成：耕种、采矿、生产、配置和销售，还有教育和医药，甚至是艺术、音乐、文学和娱乐上的很多工作。机器人还可以实现自我生产。从这一点来看，自然界的动物和机器人之间的关系将变得极为复杂。这一复杂程度还将扩大，因为很多人实际上已经变成电子人——一半是人，一半是机器。人工移植已经存在，大部分是作为医学修复术；但某些人则是按照需求进行移植，为了更好地提升他们的自然能力。肢体力量、运动能力、感觉能力、记忆能力、决策能力都能通过植入电子的、化学的、机械的、生化的或纳米技术的装置而得到加强。类固醇被运动员用于增强他们既有的体能，眼角膜激光手术已经被某些运动员及飞行员用于提高视力的敏锐度。我眼睛内的人造角膜——白内障摘除术后植入的——让我的视力比之前好很多了，唯一的问题是我的眼睛不能改变焦距。但是有一天，人造眼角膜将能够聚焦，聚焦性能甚至可能比天然角膜还要好，此外，还可能提供正常视力之外的远视功能。当这些可能性实现时，即使是不受白内障困扰的人也可能愿意用这些更有用的角膜来代替他们天然的角膜。其他更加惊人的人工性能的提升也有可能发生。这些可能性将导致复杂的伦理问题，但这已经完全超出本书的讨论范围了。

不过，此书确实把重点放在情感和它们在人造装置开发方面的作用，以及人类如何在情感上把自己跟他们的所有物、他们的宠物和人类相互之间建立联系上。机器人也能担当这一切职能。首先，机器人将成为所有物，不过它是有着清晰的个人情感的所有物，因为如果一个机器人伴随了你大半生，能够与你互动，能够让你回想你的经历，能够给你提供建议，或者仅仅是能够给你解闷，你会对它产生强烈的情感依恋。尽管今天的机器人宠物还比较简陋粗糙，但是它们已经唤起了主人们的强烈情感。在未来的几十年内，机器人宠物也许将拥有真实宠物的所有属性，并且在许多人看来，会比真实的宠物更好。今天，很多人会虐待和遗弃他们的宠物。在很多社区里有成群结队的流浪猫和流浪狗在垃圾堆里觅食。同样的问题会发生在机器人宠物身上吗？谁将对它们的照看和维护负有法律上的责任？如果机器人宠物伤人了该怎么办？谁该负法律责任？机器人吗？还是它的主人？抑或是它的设计师或生产商？如果是真实的宠物的话，主人将是责任方。

最后，当机器人作为独立的、有感官能力、有自己的梦想和抱负的生物存在时，将会是什么境况呢？我们将需要一些类似于阿西莫夫的机器人定律之类的东西吗？有这些定律就足够了吗？如果机器人宠物会造成破坏，那么自主性的机器人又可能会做出一些什么事情呢？如果机器人造成破坏、伤害或死亡，那么责任该归属于谁？又能得到什么赔偿呢？阿西莫夫在他的小说《机械公敌》中总结说，在未来，机器人终将接管世界，人类将会丧失自己的话语权。这是科幻小说？是的，但是只是在所有未来的可能性变成现实之前，它们才只是科幻而已。

我们正处于一个崭新的时代。机器已经变得相当智能化，而且还将变得更加智能化。它们的运动功能正在日益发展，很快它们还将拥有情感和情绪。由此带来的正面影响将是巨大的，但是负面的结果也值得关注。这正是所有科技的问题：它是一把双刃剑，总是结合了潜在的益处和潜在的不足。

注解：

1. "世界上大多数政府将于2003至2007年间禁止使用任何目的的机器人"：阿西莫夫，1950。

2. "阿西莫夫的机器人四大定律"：罗杰·克拉克在他的著作和授权网站上（克拉克，1993，1994），注明了第一、第二和第三定律的来源日期，并且是出自与科幻小说家兼编辑的约翰·坎贝尔在1940年进行讨论的内容，阿西莫夫，1985。

3. "按照我的意思去做，而不是按照我说的话去做"：请注意，DWIM（按照我的意思去做）是一个老概念，沃伦·泰特曼在1972年将该概念引入了LISP计算机程序系统的命令诠释系统，当它发挥效用时，就非常好用。

4. "阿西莫夫的主要错误"：对关于自生性系统的作品的优秀评论，是约翰逊有关中央控制的著作《紧急状态》，约翰逊，2001。

5. "现在已经有一些适用于机器人的安全守则"：《工业机器人和机器人系统安全》，职业安全和健康监察局，美国劳工部，OSHA技术手册，ETD1 – 0.15A，1999。

我们都是设计师

我曾经做过一个实验。我在一些网上讨论区发表了一篇帖子，让人们列出他们喜欢、厌恶，或者又爱又恨的产品及网站名单。我收到了大约150封电子邮件的回帖，很多邮件都热情洋溢，而且每封邮件都列出好几个项目。这些回复都非常偏重于技术，这并不奇怪，因为这正是很多回复者的工作领域，但是技术并不是排行最高的。

这个调查的其中一个问题是"过于明显反而没注意到"的效应，正如古老的民间故事所说的那样，鱼儿是最后一个看到水的。因此，如果你让人们描述他们在所处的房间内看到的事物，他们很可能会把最显而易见的东西遗漏掉：地板、墙壁、天花板，有时甚至是窗户和门。人们可能没有列出他们真正喜欢的东西，因为这些东西对他们而言太过亲近，甚至已经融入到他们的生活。同样地，他们可能因为最不喜欢的事物不在视线范围内而把它们遗漏了。尽管如此，我还是觉得这些回复很有趣。这是其中三个例子：

> 日本具良治菜刀——美观、实用又简单。握起来手感很好，用起来也很舒心。我把它放在我的枕头下（嘿嘿，只是开个玩笑而已）。
>
> 我的"piece de resistance"手表是乔治·杰森（George Jensen）的作品：纯银的宽大镜面，双表链设计，不带数字标记。表链并不是完全闭合的，只盖住你手腕的四分之三。非比寻常而又有着无与伦比的漂亮（这款设计由现代美术馆典藏）。附带说明一下，在我把它买下来之前，我在巴黎盯着它看了起码有6年之久。
>
> 我的大众甲壳虫汽车——我喜欢它简洁、实用、油耗量低、小巧且便于随处停放，驾驶起来也乐趣无穷。但是我不能忍受它那愚蠢的

座位升降把手，它简直让我抓狂。（前座的升降把手安装在"错误的"位置，没有一个人能"准确地找到它"。）

喜爱它，讨厌它，对它漠不关心，我们对日常用品的态度以大相径庭的方式反映了设计的三个层次。我们喜欢的东西涵盖了设计的这三种形式的所有可能的结合。许多产品仅仅因为外观上的视觉影响而获得人们的喜爱：

> 我砸了 400 美元买了一部 iPod，当我把它拆封之后，我几乎是以从未有过的小心来爱护这件产品，它太漂亮了（iPod 是苹果电脑公司生产的一款音乐播放器）。

> 我之所以购买一辆大众帕萨特汽车，是因为车内的操纵装置看起来是那么赏心悦目，用起来也那么令人舒畅。（晚上坐进这样一辆汽车，仪表板上的灯光竟然是蓝色和橙红色的。）这给驾驶增添了许多乐趣。

还记得在第三章提到的那个仅仅因为瓶子漂亮而购买矿泉水的人吗？他的反应很显然也属于这一类：

> 我记得我之所以决定购买爱宝琳娜（Apollinaris）这种德国产的气泡矿泉水，纯粹是因为我觉得把它放在我的架子上一定很好看。后来的结果证实，它本身就是一种很棒的矿泉水。但就算它根本没有那么棒，我想我也会把它买下来。

> 很多产品纯粹是因为它们在行为层次的设计而受到人们的喜爱——也就是它们的功能和效用、实用性和体贴性，还有手感：

> 我还喜欢我的 OXO 瓜果削皮器。它能处理茄子、花椰菜茎，以及我扔向它的任何其他东西。它的手柄既好看又好用。尼尔森（Lie-Nielsen）手工刨子：我能用它刨平槭木，做出平坦光滑的表面，而大

多数刨子只能把大块的木头撕开。

　　开罐器：你可能会回想起维克多·帕帕奈克（Victor Papanek）的小册子[1]《东西为什么不好用》（*How Things Don't Work*）。在这本书中他提到一个开罐器。几年前我终于找到了它，它已经由库恩力康公司（Kuhn Rikon）重新生产并成为他们的安全盖升降开罐器（LidLifter Can Opener）。简单来说，它是通过撕开罐盖的密封边来打开罐子，而不是通过从顶部切割来开罐。它成为一件优秀的产品有许多原因，但它是一件我期盼着使用的工具。手工操作、几乎不需要清洗、手感一流、功能良好，可以放在抽屉内便于拿取。作为一件厨房用具，它是一个尽职的仆人。

　　Srewpull 杠杆式葡萄酒开瓶器：往下一按，然后往上一提，软木塞就能在瓶口中滑动。再往下一按，握紧然后往上一提，软木塞就能从螺丝锥上脱落。真是奇妙！把它买回来的那天，我一口气开了三瓶酒，实在太有趣了。

反思层次的设计同样起着很重要的作用，以下是信任、服务和纯粹有趣的例子：

　　我的泰勒（Taylor）410 木吉他。我相信我的吉他，我知道当我在它的指板上弹奏高音时它不会发出嗡嗡的声音，它不会走调。我在琴颈上的动作可以弹奏出我在其他乐器上弹奏不出来的和弦与音调。

　　直到现在，我还会跟别人谈起数年前我在奥斯汀四季酒店（Austin Four Seasons Hotel）的经历。办理完入住手续来到房间后，我发现床上放着一本电视导览，导览中当日节目的那一页放着一枚书签。

　　只是有趣又如何呢？我有一个纪念品杯子，只有当杯子盛有热饮时，才能看到它的装饰：它的周边覆盖着一层感热釉彩，在室温下它是深紫蓝色的，但是受热后会变成透明。它还是实用的：我只要看一眼就能知道我的咖啡什么时候不能再喝了。此外，它的外形还很漂亮。基于以上全部因素，我很想拥有它，现在它已经成为我的专用咖啡杯了。它并不完美，但已经非常接近了。

　　每当我浏览网站时，谷歌的"Google"标志都能让我一展欢颜，它就像一部小小的卡通片一样，按照相关的时节不断地变化。万圣节时，他们会让一只小恶魔从"O"后面探出头来偷窥；冬天时，它的头顶上会覆上一层白雪，我很喜欢这些小细节。

尽管人们或许把最大的热情投入在促进社交互动和增强群体感的通讯服务上，但是他们更爱的是即时通讯工具：

　　我无法想象没有它的生活会是什么样子。

　　即时通讯工具是我生活中不可或缺的一部分。有了它，我就有一种与世界各地的朋友和同事连接起来的感觉。如果没有它的话，我会觉得通往我部分世界的那扇窗户被关闭起来了。

电子邮件甚少被提及，部分原因是对于这些科技专家而言，就它像水一样普通，但是当它被提及时，往往是爱恨参半的反应：

　　如果我收不到电子邮件的话，我觉得我要跟这个文明世界脱节了。我收到大量邮件并觉得有必要回复它们，这让电子邮件几乎要被列到既爱又恨的名单内。在反思上，我也许痛恨它的数量，但是我喜欢收到朋友和家人的电子邮件。

家用电器和个人电脑似乎普遍不讨人喜欢："我家里几乎每件电器都设计得很糟糕。"一个人抱怨道。"个人电脑上几乎没有一样东西是让人舒心的。"另一个人抱怨说。而且，请记住，这些回应者都是技术人员，他们当中的大部分人都是电脑及网络行业的从业员。

图1

节假日时的 Google 标志

谷歌在年终岁末的节庆期间，很幽默地变换了它的标志。(图片提供：谷歌)

最后，有些东西虽然有缺点，但是仍然受到人们的喜爱。因此，尽管那封回复的作者声称他的大众汽车装有"愚蠢的座椅升降把手"，但他还是喜爱他的车。再来看看以下这位回复者对他的意式咖啡机的喜爱，尽管它很难使用（提醒你一下，这则回复来自一名从事易用性设计的专家）。事实上，缺乏易用性反而会有某种反思层次上的吸引力："只有像我这种真正的专家才能恰当地使用它。"

我喜欢我的意式咖啡机，奇怪的是，这并不是因为它易于使用（它并不那么好用），而是因为当你掌握窍门之后，你能用它做出很棒的咖啡。它需要技巧，而成功地运用这些技巧将得到丰厚的回报。

总的来说，这些回复表明：人们对他们的所有物、他们所享受过的服务和他们生活的经历充满热情。提供特殊服务的公司可以从中获益：入住四季酒店后在床上发现一本翻到适当页码的电视导览，从而产生特别的个人感触，这促使这位回复者将这段经历向她的所有朋友一一诉说。有些人则与他们的物品建立了联系：一把吉他、一个个人网站以及他们通过此网站结交的朋友、对厨房用刀的感觉、一把特别的摇椅。

在我的非正式研究中，我找出了我们喜爱和厌恶一些物品的某些原因，但我却遗漏了某些我们真正深爱的物品，即我在本书第二章讨论过的、由塞克斯哈里和罗奇伯格－霍尔顿在他们的著作《物品的意义》中阐述到的那类物品。他们发现了一些珍贵的物品，诸如一套最喜爱的椅子、家庭照片、家居盆栽和图书等。但我们都忽略了活动这个类别，譬如我们对烹饪、运动或同学聚会等活动的喜爱和憎恶。这两项研究都指出，我们在日常生活中对某些特定的物品或活动发展出了真正强烈的情感——有时是喜爱，有时则是憎恶，但都有强烈的感情联结。

个性化

　　大批量生产的物品怎样才能具有个人意义呢？这有可能实现吗？使某件产品具有个性化的属性正是那些不能预先设计好的东西，在大批量生产的情况下更是如此。生产厂家都在尝试，很多厂商提供客户定制服务，有些则接受特别订单和规格。另外还有很多厂商提供可变通的产品，即使用者把它购买回家后，可以对它进行调整和改制。

　　为数众多的生产厂商一直尝试通过允许客户定制产品的方式来解决他们所提供的产品千篇一律的问题。这通常是指购买方可以自由选择颜色，或者从一系列的辅料及需另计成本的特别款式里自行挑选。手机可以安装不同的面板，于是你可以有不同的颜色或设计——或者自行彩绘。有些网站则打广告说你可以设计自己的鞋子，虽然事实上你真正可以选择的不过是从一定数量的尺寸、款式、颜色及材质（例如皮革或布料）中进行挑选。

　　量体裁衣是具有可行性的。过去，衣服就是由裁缝师量出适合客人的尺寸来裁制出客人喜欢的款式。这样做出来的衣服都很合身，但是制作过程却非常缓慢，需要耗费大量的劳力，因此花费不菲。但是如果把科技运用到为客户定制每件产品上呢——就像从裁缝师量体缝制合身的衣服一样，但又不必耗时太长和花费更多的金钱？这个想法大受欢迎。有些人相信按照订单生产——大批量的客户定制——将会扩展到各种产品领域：衣服、电脑、汽车及家具。上述所有产品均按照指定规格特别制作：定好规格，等上几天，然后成品就完成了。一些服装制造商已经开始尝试采用数码相机来测量客人的尺寸，然后用激光裁切材料，最后用电脑控制的机器来生产服装。有些电脑厂家则已经采用以下这种方式进行生产：只有在接到客户的订单后才进行产品组装，让客户按照自己的意愿挑选合适的配置。这种方式对生产厂商来说也是有利的：产品只有在被订购后才进行生产，这就意味着不需要准备大量的成品库存，从而大大减少了库存成本。当生产流程按照大批量客户定制的目标来设计时，个人订单就可以在数小时或数天内完成。当然，这种客户定制的形式是有限制的。你不能以这种方式设计全新的家具、汽车或电脑，你只能从固定的选项中进行挑选。

这些客户定制品会引起人们情感上的注意吗？恐怕不会。没错，定制的衣服可能更加合身，定制的家具也可能更加符合某些需要，但是这两者都不能保证情感依恋的产生。单凭我们从一个目录中挑选了几个选项，产品不会就此变得具有个人色彩。某件物品具有个人色彩，意味着它可以表达我们的拥有感和自豪感，即我们对它有一种个人化的情感。

即使是我们不喜欢的物品，也能提供一种个人化的补偿感。例如，某张照片或某把椅子是特别的，因为它是那么的讨厌——也许是某个家庭成员留下来的遗物或礼物，但是现在已经别无选择，你只能微笑着面对它并好好地保管它。于是，在一场又一场的家庭聚会中，家庭成员们也许会深情地回忆起以前这张不讨人喜欢的照片或椅子，是如何占据了房间的某个角落。尽管这似乎有点自相矛盾，但是共同的负面情感确实可以引发参与者的正面联系：昨天厌恶的物品促成了今天喜爱的体验。

决定所拥有物品的理想摆放方式，往往是一个渐进而非刻意策划的过程。我们总是不断地进行细微的调整。我们也许会把椅子移到更靠近灯光的地方，然后把我们正在阅读的书和杂志放在这张椅子旁边，接着又搬来一张桌子摆放这些书和杂志。随着时间的推移，居住者会根据自己的需要调整家具和所拥有物品的摆放位置。这种摆放方式对他们和他们的活动而言是独特的。随着功能和居住者的改变，家具的布置也会跟着变化。新搬进来的其他人未必觉得这种摆设适合他们的需要——它已经非常个人化了，只适合某个人或某个家庭——这是一种无法转移给其他人的品质。斯图亚特·布兰特（Stuart Brand）在《建筑物是如何学习的》（*How Building*

Learn）中指出[2]，即使是建筑物也会改变，如果不同的居住者发现房间不再满足他们的需求，他们就会改变房间的格局来满足他们的新需求，结果常常是把一栋毫无个性的建筑改造成一栋与众不同的建筑，使其具有当前居住者的个人价值观和含义。

物品本身也会发生变化。锅碗瓢盆会受到磕碰和烧焦，器皿会有缺口和破损。但在我们抱怨这些裂痕、凹痕和污点的同时，它们也让这些物品变得个人化——它们是属于我们的。每件物品都是特别的，每道裂痕、每处烧焦、每道凹痕以及每处修补背后，都有一个故事，正是这些故事让我们的物品变得特别。

在写本书时，我与保罗·布拉德利（Paul Bradley）见过面，他是美国最大的工业设计公司艾迪奥（IDEO）的创意总监。布拉德利希望能够设计出可以反映物品主人经历的产品。他当时正在寻找一种材料，这种材料必须能够优雅地老化，能够以一种令人愉悦的、可以将从商店买来的大批量生产的产品转化为一种个人物品的方式，显示产品使用过程中留下来的磨损和印记，从而让这些印记能够增添一些对主人而言是独一无二的个性和魅力。他拿出一张蓝色牛仔裤的照片给我看，这条裤子在穿着过程中自然褪色了，而且在主人经常放置钱包的地方缝着一块褪了色的长方形补丁。我们讨论到在自己家里使用的炊具上的缺口和痕迹，以及它们是如何增添了这些炊具的吸引力。我们也谈到最喜爱的书因为上面的磨损和阅读的标记变得更加令人舒服，而空白处的笔记和做记号的划线又进一步提升了它们的吸引力。他还拿出他的 Handspring 掌上电脑（PDA）给我看（这是由艾迪奥设计的），并告诉我他是怎样故意把它从高处摔下来，为了想要看看这些磨损能否增添个人历史感和魅力（事实上并没有）。

诀窍就是制造出可以优雅地老化的产品，让它们以一种令人舒服的个人化方式与其主人一起老去。这种个人化蕴涵着巨大的情感意义，可以丰富我们的生活。这与大批量客户定制之间存在很大的差距，大批量客户定制允许客户从一套固定的选项中挑选自己的选择，但是几乎没有或根本没有真正的个人关联性和情感价值。而情感价值已经成为设计极具价值的目标。

客户定制

在满足我们需要的过程中存在一种角力，到底是购买一件预制的物品好呢，还是自己来做比较好呢？大多数时候，我们都无法制造出自己需要的物品，因为我们缺乏工具和专门的技能，更不必说时间了。但当我们买来别人生产的产品后，极少发现它们能准确地符合我们的需求。要制造出一种大批量生产而又恰好能满足每个人需求的产品，是不可能的。

以下是解决这个问题的 5 种方法：

1. 凑合使用。尽管相对便宜的大批量生产产品从来都无法完全满足我们的需要，但是它们相对较低的成本却对我们有好处。

2. 客户定制。假如每件物品都有弹性化的设计，使它可以按照需要进行调整，这不就把问题解决了吗？难度就在于，要让某件物品可以定制比你想象中的困难远远要多。看看现代的电脑软件系统，你立刻就能发现问题所在。我的软件提供了各种各样的客户定制选项，数量多到我在需要的时候几乎找不到它们在哪里。如此庞大的数量，让光是学习如何定制就已经是一件吓人的任务。此外，这些定制总是满足不了人们的需要。我所做的每件事都只会让事情更加复杂，因为我必须从众多的选项中进行选择。而我真正想要定制的东西——独特的输入法、拼写方式以及格式习惯——却没法定制。

恰当的定制不是通过让一个原本就复杂的系统变得更加复杂来实现的，而是通过把众多简单的小模块统合在一起来实现的。如果某个系统复杂得需要设定众多额外的"喜好"或定制选项，那么它很可能过于复杂以致无法使用和保存。我不会定制我的钢笔，不过我确实会定制它的使用方法。

我不会定制我的家具，不过我确实会通过决定首先购买哪一件、如何摆放它、什么时候使用它和怎样使用它来进行定制。

3. 客户定制的大批量生产。正如我在前文所述，按照订单进行生产是可行的。客户可以得到按照他们的品位定制的产品，价格还可以更加低廉，因为在这种情况下不需要为未售出的产品进行库存管理。

然而，因为这种定制的范围被限制在诸如零部件、辅料和颜色等选项方面，所以它距离个性化还很遥远。然而，这种趋势将得以持续。在未来，一个设计的主体部分、外壳部分和其他部分都能根据订单进行压印、冲压、切割或成型。高效的组装生产线可以把这些客户定制的组件组装起来。选项的范围还可以扩大，生产技术的发展让客户定制范围的扩展成为可能。这就是未来。

4. 设计我们自己的产品。据说，在"昔日的美好时光"，我们的东西要么全是自己制造的，要么是到当地的工匠那里按照自己需要的规格定制的，我们还常常能观看制作过程。有些人仍然怀念以前有民间工艺的日子，例如，约翰·西摩尔（John Seymour）的著作《被遗忘的艺术和工艺》（*Forgotten Arts and Crafts*）中就有对那些日子的美好描写[3]。但是，在这个科技日新月异、信息空前丰富的年代，我们的需求也变得更加复杂和特殊化，要使我们当中大多数人拥有设计和制造日常必需品所需的技能和时间，简直是一个遥不可及的梦想。话虽如此，但要追随这条路线并不是完全不可能的，而且某些追随者确实从中获益了。有些人为自己缝制服装和制造家具，很多人则打理并保养自己的花园，有些人甚至建造自己的私人飞机或游艇。

5. 对买回来的产品进行改装。这也许是把购买回来的产品变得个人化的方法中最受欢迎和最广泛流行的一种。哈雷·戴维森（Harley Davidson）摩托车正是以此闻名：人们从厂家购买一辆摩托车之后，马上就把它送到改装店进行彻底改装，有时候改装的花费甚至比摩托车本身还要昂贵（它本来已经够贵了）。因此，每辆哈雷摩托车都是独特的，它们的主人则以其独特的设计和涂装而自豪。

与此类似的是，在汽车中改装音响系统也是当今的一门热门生意，车主们在区域性的聚会和比赛中会骄傲地炫耀自己的音响系统。同样，改装汽车也很流行，例如改变控制加速器和性能的电子设备，更换备震、轮胎和轮圈，还有烤漆。

当然，也许家庭才是定制的最大场所。当居住者改变了家具摆设、墙漆、窗上用品、草坪，并且数年后改变了房间的格局、增设了房间、改装了车库等之后，当初新落成时看起来一模一样的房子就变成了个性化的新家了。

我们都是设计师

一个空间只能由它的居住者转变成一个场所。设计师能做的最好的事情，是把工具交到他们手中。

——斯蒂夫·哈里森（Steve Harrison）和保罗·杜里西（Paul Dourish）[4]，《重新布置空间》（Re-place-ing space）

我们都是设计师。我们改造环境，从而让它更好地满足我们的需要。我们选择拥有什么物品，选择把什么东西放在我们的周围。我们建造、购买、整理并重新构建，这些全都是设计的一种形式。当我们有意识或者特意整理桌面的东西、客厅里的家具和汽车内的物品时，我们都是在设计。通过这些个人行为的设计，我们把日常生活中一些毫无特色的普通物品和空间转变成了自己的物品和场所。通过我们的设计，我们把房子变成了家、把空间变成了住所、把物品变成了个人物品。尽管我们无法控制所购买的很多产品的设计，但是我们却能控制要挑选哪些品种，以及以什么方式、在什么地方和在什么时候使用它们。

坐下来，想想要把你的咖啡杯、你的铅笔、你正在阅读的书和你打算用来写字的纸张放在哪里——你就是在设计了。尽管这些看起来有点儿琐碎和浅显，但是却蕴涵了设计的本质：有一系列的选项，其中一些选项比另一些要好，但也许没有一个选项是完全令人满意的。一个大幅度的重整可能会让每件日常用品都很好用，但是却需要花费一定的精力、金钱甚至需要技能。也许重新布置家具或购买一张新桌子会让杯子、铅笔、书和纸张看起来更加自然，或者是更有美感、更令人愉悦？一旦产生这个念头并做出了选择，你就是在设计了。而且，在这个活动发生之前已经有其他设计了，也就是说这是发生在建筑物和房间的设计、家具的选择和摆放、灯饰及其开关位置的设计之后。

最好的设计未必是一件物品、一个空间或结构，它是一个过程，一个动态的、可调整的过程。许多大学生把一块平坦的门板架在两个文件柜上，就做成了一张书桌，箱子也可以当成椅子和书柜，砖头和木块可以砌成架子，地毯可以变成墙上的挂饰。最好的设计是我们为自己创作的设计，这也是最为适宜的设计——既有功能性又有美感。这是与我们的个人生活方式相互呼应的设计。

另一方面，工业产品的设计往往不能达到这一目标：很多物品都是按照特定的规格设置和生产的，而这些规格对很多用户而言毫无意义。我们购买回来的预制成品极少能符合我们确切的需要，尽管它们也许已经接近令人满意的程度了。所幸的是，我们每个人都可以自由购买不同的产品，并能以对我们而言最好的方式来对它们进行组合。我们的房间适合我们的生活方式，我们的个人物品反映了我们的性格。

我们都是设计师，而且必须是设计师。专业的设计师可以创作出既有吸引力又有良好性能的产品。他们可以创作出让我们第一眼看见就会爱上的漂亮产品。他们可以创作出能满足我们的需求、易于理解、方便使用，并且正好以我们想要的方式运作的产品。这些产品让人喜闻乐见、乐于使用，但是，他们不能创作出一些个人化的、让我们感到与之紧密相连的产品。没有人能为我们做到这一点：我们必须自己动手。

互联网上的个人网站为人们提供了一个强大的工具，它使人们能够表达自己、与世界上的其他人互动，以及寻找到与他们有相同价值观的社群。互联网技术——例如实时通讯、邮件列表和聊天室——使人们可以聚在一起分享想法、见解和经历。个人网站和网络日志让人们能够随意地表达自己，主题可以是艺术、音乐、摄影或者是对日常事件的思考。这些强有力的个人经历可以产生强烈的情感。有一位女士曾经这样对我描述她的网站：

> 我自己的网站[5]——有时候我想放弃它，因为它占用了我大量的时间，但是它又以一种如此个人的方式代表着我，我甚至没法想象没有它的生活会是什么样子。它给我带来了朋友和奇遇、旅程和赞赏、幽默和惊喜，它已经成为了我与这个世界的交汇点。没有了它，我生活中的一个重要部分将不复存在。

个人网站和网络日志已经成为很多人生活中不可或缺的组成部分。它们既是个人的，又是共享的。人们对它们又爱又恨。它们引发了人们强烈的情感，是自我的真正延伸。

个人网站、网络日志和其他个人网页是个人非专业设计的最佳例子。许多人耗费大量的时间精力写出自己的想法、收集他们喜欢的照片、音乐和视频片段。除此以外，还以此作为向世界呈现他们个人面貌的途径。对于很多人而言，这些个人的表达是如此贴切地代表着他们，以致没有它们的生活是难以想象的——它们已经成为了他们自我的一个必要组成部分。

我们都是设计师，因为我们必须是。我们在生活中会取得成功，也会遭遇失败，会收获欣喜，也会经历悲伤。我们终其一生都在构建自己的世界来给予自我支持。某些情境、人物、地点和事件具有特殊的意义和情感，这些都是我们与自己、与我们的过去和将来的联系。当某物品能给人带来快乐，当它成为了我们生活的一个组成部分，当我们与它互动的方式可以帮助我们找到自己在社会和世界中的地位时，我们就拥有了爱。设计是这个方程式的其中一个部分，但个人互动才是关键所在。当某件物品的特性使它变成了我们日常生活的一部分时，当它加深了我们的满意度时，不管是因为它的美观、它的行为还是它的反思成分，爱就由此产生了。

威廉·莫里斯的话为本书提供了一个恰当的结尾，正如这段话也为本书提供了一个恰当的开头一样：

> 如果你想要一条所有人都适用的黄金法则[6]，以下这一条便是：不要把任何你不知道有什么用途的东西或者你自以为很漂亮的东西摆放在你的房子里。

注解：

1. "你可能会回想起维克多·帕帕奈克的小册子"：帕帕奈克和赫尼西，1977。

2. "斯图亚特·布兰特在……指出"：布兰特，1994。

3. "约翰·西摩尔……的美妙描写"：西摩尔，2001。

4. "斯蒂夫·哈里森和保罗·杜里西"：哈里森和杜里西，1996。

5. "我自己的网站"：人们回复我关于设计的邮件讨论，告诉我他们喜欢、讨厌或爱恨兼有的产品或网站，2002 年 12 月。

6. "如果你想要一条所有人都适用的黄金法则"：莫里斯，1882，引文出自第三章，"生活的美丽"，最初出自 1880 年 2 月 19 日，在"伯明翰社会艺术"和"学校设计"这两章的前面。

个人感想及致谢

在某种意义上，这本书的诞生是乔治·曼德勒（George Mandler）的错——他在我不自觉的情况下偷偷地往我的脑海中灌输了许多思想。他聘请我到成立初期的加利福尼亚大学圣迭戈分校（University of California, San Diego）的心理学系任教，当时是这个系成立的第一年，这所大学也还没有多少毕业生。在我得知这个消息之前，我已经为他编撰的系列丛书写过一本书《记忆与注意》，还编写了一部入门性的教材《人类信息处理》（与彼特·林德赛合编），因为当时他邀请我和彼特共同执教。我也重新思考了我在记忆方面的研究，并进入了人类失误和意外事故的研究领域，从此我对设计的兴趣也油然而生。（从哲学的角度来看，大多数的人类失误事实上都是设计的失误。）

人类信息处理中心——由曼德勒创建和管理——在几个暑假里邀请了知觉心理学家詹姆斯·杰尔姆·吉布森（J. J. Gibson）一起工作，这种长期的相处让我和吉布森产生过许多辩驳和不断的争论。这些都是令人愉快的争论，我们俩都乐在其中，这是一种最有成效、最具科学性，同时也具有教育性的争辩。我对失误的兴趣与我对吉布森提出的示能性（affordance）观点的接受，使我写出了《设计心理学》一书。（如果吉布森还健在的话，我相信他一定还会与我争辩，不同意我对他的观点所做的诠释，还要作势拿开他的助听器以表示他没有在听我的反驳，但同时又偷偷地微笑并享受每一分钟。）

乔治既是一位认知心理学家，也是情感研究领域的一位重要人物。但是，即使我花了很多时间跟他商讨和争辩情感方面的主题，并阅读了他所有的著作，但我还是不太清楚应如何将情感融入我对人类认知的研究中，特别是如何把它融入我在产品设计的研究中。我曾在 1979 年举办的第一届认知科学大会上做了一场名为《认知科学的十二个问题》（*Twelve Issues of Cognitive Science*）的报告，其中情感名列第十二位。尽管我在报告中提到我们应该研究情感，但连我自己也不知道应该如何着手研究。不过，我的论点至少对观众席中的一个人是有说服力的：他就是安德鲁·奥托尼，他现在是西北大学的一名教授。他告诉我说，因为那场报告，他把自己的研究转到了情感领域。

1993 年，我离开了学术领域转而投身产业界。最先是作为苹果电脑（Apple Computer）的副总裁，继而是在另一些高科技公司担任高管，其中包括惠普和一家新兴的在线教育机构。1998 年，我和我的同事雅各布·尼尔森（Jakob Nielsen）一起创办了一家咨询公司——尼尔森 - 诺曼集团，这让我有机会接触到不同产业领域的各种产品。最后，我重新投身学术领域，来到西北大学的计算机科学系工作。现在我把一半的时间花在大学校园里，另一半时间则花在尼尔森 - 诺曼集团上。

在西北大学，安德鲁·奥托尼重新唤醒了我在情感方面的潜在兴趣。在我离开学术界的过去 10 年，学界对神经科学和情感心理学的理解已经取得了长足的发展。此外，在工业领域，在帮忙推出了从电脑到电器再到网站等各种各样的产品之后，我开始对设计可能产生的强大情感影响变得敏感起来。相比起产品的外观和产品让他们有什么感觉，人们对它们有多好用或者它们究竟有什么用途往往没多少兴趣。

为了弄明白情感的魅力所在，我、奥托尼和心理学系的人格理论家威廉·雷维尔决定重新研读关于情感、行为和认知方面的文献。随着研读的进展，我们逐渐明白情绪和情感不应该从认知中分离出来，也不应该从行为、动机和人格中分离出来；它们对于人类的有效的情感机能来说，都是必不可少的。我们的研究成果成为了本书的理论基础。

大致在同一个时期，创意实验室公司（Idealab!）的比尔·格罗斯（Bill Gross）成立了一家新公司——进化机器人技术公司——来为家庭用户制造机器人，他邀请我加入他们的顾问团队。很久之前，我就对机器人科学深深着迷。我很快就认定，机器人需要有情感。确实，无论是人类还是机器，情感对于所有自主生物来说，都是必不可少的。让我万分惊喜的是，我发现我与神经心理学家蒂姆·夏利斯（Tim Shallice）于 1986 年合力撰写的一篇研究论文所提到的"意志"控制系统，已经被用于机器人技术了。啊哈！我开始研究这一切可以怎样相互结合。

当这些个别的因素结合在一起时，应用就会应运而生。我们的科学探索让我们提出了一个主张，即有效的设计最好放在三个不同的层次进行分析。这个主张阐明了很多问题。很多关于情感、美和乐趣及与之相对的营销考虑、广告主张与产品定位——连同制造一件实用的产品的困难——通常就是对设计的三个不同层次的争论。上述所有方面都很重要，但是在采购和使用环节的不同时间、不同地点，它们在三个不同层次的影响各不相同。

我写这本书的目的是为了把这些表面相悖的主题统合到一个以情感、行为和认知三层次理论为基础的连贯架构中。有了这个架构，我将致力于对产品的设计过程和情感影响进行更加深入的探索。因此，感谢你，乔治！感谢你，安德鲁！感谢你，比尔！

这本书和我所有其他书一样，它的出版应该归功于许多人。首先是我那位耐心的经纪人桑迪·迪克斯拉特（Sandy Dijkstra）和我的工作伙伴雅各布·尼尔森，他们不断地鼓励我。是的，不是唠叨，而是不断地提醒和鼓励。我一直在写作，总是草草记下一些事情，因此我还用这些笔记编了一本名为《日常用品的未来》（*The Future of Everyday Things*）的手稿。但是当我尝试用这些材料来给西北大学的学生们授课时，我发现它缺乏凝聚力：把这些想法串连在一起的框架来自我和安德鲁·奥托尼以及比尔·雷维尔当时正从事的情感研究，但这部分却没有包含在本书内。

我和奥托尼、雷维尔当时正在探讨一套情感方面的理论，当我们取得进展时，我意识到这个方法可以应用到设计领域。另外，这项工作令我在物品制作方面的专业兴趣和我个人对美的鉴赏之间显而易见的矛盾最终得以消除。所以，我放弃了这一份手稿从头再来，这次是用情感理论作为框架。当我再次尝试用这些材料作为教材授课时，学生们反响非常好。来听我第一节课的学生和听我用本书的手稿来试讲的那群学生，在我把这些互不相关的笔记整理成连贯的手稿方面，都给我提供了极大的帮助。

在那段时间，我那些专业的同事也给我提供了相当多的建议和资料来源。我的老同事丹尼·博布罗会针对在我试着提出的论点中发现的瑕疵进行直接的诘问。乔纳森·格鲁丁（Jonathan Grudin）会从早到晚不断以电子邮件往来的形式给我提供评论和批评。伊利诺伊理工学院设计学院院长帕特里克·惠特尼则邀请我成为他们团队中的一员，是他给我提供了卓有见地的评论和接触工业设计界的机会。设计学院的很多教师都曾给予我莫大的帮助：克里斯·康利（Chris Conley）、约翰·赫斯克特（John Heskett）、马克·瑞特格（Mark Rettig）和佐藤庆（Kei Sato）。来自加利福尼亚州立大学波莫纳分校（California State Polytechnic University，Pomona）的那莫·西西亚（Nirmal Sethia）则持续地为我提供联络和信息方面的资源，他似乎认识工业设计领域的每个人，并且确保了我的资料是最新的。

由雪莱·埃文森（Shelley Evenson）和约翰·莱恩弗兰克（John Rheinfrank）组成的强大互动设计师团队一直给我提供独到的见解（约翰还是一位很棒的厨师）。我还要感谢保罗·布拉德利、戴维·凯利（David Kelly）、艾迪奥公司的克雷格·山普森（CraigSampson）、HLB公司的沃尔特·赫布斯特（Walter Herbst）和约翰·哈特曼（John Hartman）。

麻省理工学院媒体实验室的辛西娅·布雷齐尔和罗莎琳德·皮卡特给我提供了很多有用的互动，包括到他们的实验室参观，这对本书第六章和第七章有相当大的贡献。麻省理工学院人工智能实验室的领导人及机器人专家罗德尼·布鲁克斯，也是很多资料的来源。马文·明斯基（Marvin Minsky）也一如既往地给我带来很多的灵感，特别是他那本即将出版的著作《情感化机器》（*The Emotion Machine*）的手稿。

我在国际人机交互协会（CHI, the International Society for Computer-Human Interaction）的几个电子公告板上测试了我的许多想法，从中得到的很多回复都非常有用。回复者的名单很长，大概有几百人，但让我尤其受益匪浅的是与以下人士的交谈及他们提出的建议：乔舒亚·巴尔（Joshua Barr）、吉尔伯特·柯克顿（Gilbert Cockton）、马克·哈森扎尔（Marc Hassenzahl）、查利斯·霍奇（Challis Hodge）、威廉·赫德森（William Hudson）、克里斯蒂娜·卡沃宁（Kristtina Karvonen）、乔纳斯·卢格伦（Jonas Lowgren）、休·麦克卢恩（Hugh MaLoone）、乔治·奥尔森（George Olsen）、凯斯·欧佛毕克（Kees Overbeeke）、艾蒂安·佩拉普拉（Etienne Pelaprat）、杰拉特·托伦弗列特（Gerard Torenvliet）和克里斯蒂娜·沃德科（Christina Wodtke）。我还要感谢来自尼尔森－诺曼集团的卡拉·珀尼斯·科因（Kara Pernice Coyne）、苏珊·法雷尔（Susan Farrell）、舒里·基律兹（ShuliGilutz）、露西·王（Luice Hwang）、杰柯柏·尼尔森和艾米·斯托弗（Amy Stover），他们都和我进行过生动而热烈的讨论。

来自微软公司 XBOX 部门的吉姆·斯图尔特（Jim Stewart）与我进行了游戏产业的讨论，并为我提供了现正挂在我墙上的 XBOX 海报。（"到户外去，呼吸新鲜的空气，看迷人的日落。孩子，那会让你老得很快。"）

这本书从 18 个松散的章节整合成为现在的 7 个章节，加上序言和后记，其间，在基础读物出版社的编辑乔·安·米勒（Jo Ann Miller）的指导下，还进行过两次大幅度的改写。她让我努力工作——幸运的是，都是为了你们。感谢乔·安，同时也很感谢兰德尔·平克（Randall Pink），他辛勤地收集了最后的照片并获得版权许可。

尽管我还遗漏了许多在本书漫长的构思过程中给我带来帮助的人，但是谢谢你们所有人，无论是提到名字的还是没有提到名字的人，包括我在西北大学和设计学院中教过的全体学生，在多次的修改过程中，是你们帮我理清了自己的思路。

唐纳德·诺曼

于伊利诺伊州诺斯布鲁克